机器视觉和近红外光谱对红松籽品质检测方法的研究

仇逊超　著

哈尔滨工业大学出版社

内 容 简 介

我国是松子产量大国,松子具有很高的林区经济价值。松子只有经过产后商品化处理,才能创造更大的经济价值,这为松子品质无损检测方法的研究提供了广阔的应用前景。如何建立一种快速、准确、简便、安全、非破坏性的松子外部品质分级、松子内部品质检测方法,是一个值得研究、亟待解决的问题。本书在上述背景下以红松籽为研究对象,开展机器视觉技术对其外部品质进行无损分级、利用近红外光谱分析技术对其内部品质进行无损检测方法的研究。本书为研制拥有我国自主知识产权的红松籽外部品质无损分级和内部品质无损检测设备提供了理论和实践指导。

本书适合高校农林产品无损检测专业的师生参考使用。

图书在版编目(CIP)数据

机器视觉和近红外光谱对红松籽品质检测方法的研究/
仇逊超著. —哈尔滨:哈尔滨工业大学出版社,2023.1(2024.1 重印)
ISBN 978 - 7 - 5767 - 0583 - 6

Ⅰ.①机… Ⅱ.①仇… Ⅲ.①计算机视觉-应用-食
品检验-检验方法-研究 ②红外光谱-应用-食品检验-
检验方法-研究 Ⅳ.①TS207

中国国家版本馆 CIP 数据核字(2023)第 040388 号

策划编辑 闻 竹
责任编辑 李青晏
封面设计 郝 棣
出版发行 哈尔滨工业大学出版社
社 址 哈尔滨市南岗区复华四道街 10 号 邮编 150006
传 真 0451 - 86414749
网 址 http://hitpress.hit.edu.cn
印 刷 哈尔滨市颉升高印刷有限公司
开 本 660 mm×980 mm 1/16 印张 9 字数 152 千字
版 次 2023 年 1 月第 1 版 2024 年 1 月第 2 次印刷
书 号 ISBN 978 - 7 - 5767 - 0583 - 6
定 价 60.00 元

前　言

我国是松子产量大国,松子具有很高的经济价值,我国以东北红松籽最为著名。我国松子的销路极为广阔,占全球松子交易量的 60% ~ 70%,松子已成为农民增收的特色经济作物之一,能为当地带来良好的经济效益。然而,目前我国松子产后产值虽有增长,但仍未超过采收时的自然产值。松子只有经过产后商品化处理,才能创造更大的经济价值,这为松子品质无损检测方法的研究提供了广阔的应用前景。我国松子市场对松子品质监管、松子开发利用和深加工的需求促进了松子品质无损检测方法研究的开展。目前我国对松子内部品质脂肪、蛋白质、水分的无损检测方法的研究开展得还不够深入,在松子外部品质等级划分方面仍多采用人工分级或机械振动筛选的方法实现。人工分级不仅需要大量的劳动力,且劳动强度大,分级结果会受到主观经验的影响;机械振动筛选噪声大、功耗大,并且由于较大的级差,因此分级的精准度不高,且在分级过程中会对松子产生一定程度的碰撞磕伤。在松子内部品质脂肪、蛋白质、水分的检测方面,多是采用基于理化分析的方法,理化方法存在测试时间长、步骤烦琐、成本高等不足。因此,如何建立一种快速、准确、简便、安全、非破坏性的松子外部品质分级、松子内部品质检测方法,是一个值得研究、亟待解决的问题。本书正是在上述背景下以红松籽为研究对象,开展了利用机器视觉技术对其外部品质进行无损分级、利用近红外光谱分析技术对其内部品质进行无损检测方法的研究。

在外部品质无损分级方面:以带壳红松籽为研究对象,为了提高红松籽目标轮廓提取的准确性和检测速度,在传统 C-V 模型的基础上,研究一种改进的 C-V 模型的红松籽目标轮廓提取方法,并在此基础上对红松籽果长、最大脱蒲横径的特征参数进行提取,进而构建红松籽果长、最大脱蒲横径的数学模型,结果表明,果长模型的平均预测精确度为 98.42%,最大脱蒲横径模型的平均预测精确度为 96.10%。根据红松籽果长和最大脱蒲横径特征参数,进一步提出红松籽外部品质综合评定分级标准,结果显示,等级判定的平均准确率为 97.2%,表明了等级判定的可靠性和准确性。

在内部品质无损检测方面:以带壳红松籽和去壳红松仁为研究对象,由于光谱求导处理的建模效果会受到求导窗口宽度的影响,因此分别对红松籽脂肪、蛋白质、水分一阶导数和二阶导数预处理窗口宽度的确定进行了研究,结果表明,一阶导数和二阶导数窗口宽度均取 5 时带壳红松籽蛋白质、脂肪、水分建模精度更为理想;一阶导数和二阶导数窗口宽度分别取 10、25 时去壳红松仁脂肪、蛋白质、水分建模精度更为理想。由于反向间隔偏最小二乘波段筛选法的建模精度会受到分割数大小的影响,因此分别对红松籽脂肪、蛋白质、水分反向间隔偏最小二乘法分割数的选取进行了研究,结果表明,分割数取 15 时带壳红松籽脂肪、蛋白质、水分建模精度更佳,取 10 时去壳红松仁脂肪、蛋白质、水分建模精度更优。

为了构建高质量的带壳红松籽和去壳红松仁脂肪、蛋白质、水分近红外无损检测模型,研究一阶导数、二阶导数、变量标准化校正、矢量归一化、多元散射校正不同光谱预处理方法及间隔偏最小二乘法、反向间隔偏最小二乘法、无信息变量消除法不同波段筛选方法对建模精度的影响,以确定相应的相对较优的光谱预处理方法和波段筛选方法,并给出适合于带壳红松籽和去壳红松仁脂肪、蛋白质、水分建模的相应波段范围。研究结果表明,带壳红松籽光谱经过矢量归一化预处理和反向间隔偏最小二乘波段筛选后构建的脂肪、蛋白质、水分的模型质量相对更佳,去壳红松仁光谱经过变量标准化校正预处理和反向间隔偏最小二乘波段筛选后构建的蛋白质模型质量相对更优,经过一阶导数预处理和反向间隔偏最小二乘波段筛选后构建的脂肪、水分的模型质量相对更优。带壳红松籽脂肪、蛋白质、水分优化数学模型的验证集均方根误差分别为0.765 1、0.667 0、1.041 7,去壳红松仁脂肪、蛋白质、水分优化数学模型的验证集均方根误差分别为 0.646 8、0.576 1、0.833 8。实现了对带壳红松籽、去壳红松仁脂肪、蛋白质、水分内部品质的定量无损检测。

本书可以为红松籽外部品质无损分级、内部品质无损检测提供新的研究方法和途径,对于其他类坚果的品质评价研究也具有一定的应用价值。

本书由哈尔滨金融学院计算机系、哈尔滨金融学院财经大数据研究所成员仇逊超和袁建清两位老师合力完成。仇逊超为第一作者撰写本书除第 1 章绪论外的全部内容,撰写字数为 12.9 万字;袁建清主要撰写第 1 章绪论部分,撰写字数为 2.3 万字。本书得到黑龙江省省属本科高校基本科研业务项目(青年学术骨干研究项目,No.2021-KYYWF-019)的资助。

由于作者水平有限,书中疏漏之处在所难免,恳请广大读者批评指正。

作 者

2022 年 7 月

目　　录

第1章 绪 论

1.1 研究意义和目的

1.1.1 研究的产业背景分析

松子,又称为罗松子、海松子,是松科植物马尾松、华山松、红松等的种子,因营养丰富、风味独特而深受大家的喜爱。松子粒大,无翅,颜色呈红棕色,形状呈倒卵状三角形,宽为 7 ~ 10 mm,长为 12 ~ 16 mm。种皮硬度高,但厚度薄,破碎后的种仁呈长圆形、卵状,味含松脂样香气,口感油腻。

松子不仅味道鲜美,而且所含营养成分丰富,松仁中对人体有益的成分达100 多种,其具有的营养保健功能是其他坚果类产品无法比拟的,因此有"长生果""果中佳品"之美誉。松仁中的总脂肪主要的存在形式是脂肪油,脂肪油是人类营养成分主要来源,松仁中的脂肪油味道独特,且用途广泛,既可直接食用,也可作为食品的添加剂。松仁中主要的脂肪酸种类有:亚麻酸、亚油酸、油酸、硬脂酸等,其中饱和脂肪酸约占 90%,不饱和脂肪酸约占 10%。松仁中的亚油酸含量最高,可以与血液中的胆固醇相结合,进而生成较低熔点的脂,这种低熔点脂有利于代谢物的乳化、代谢和传输,对预防动脉硬化、高血脂和高胆固醇血症有抑制作用。亚油酸在人体内还可以转化为 γ - 亚麻酸,γ - 亚麻酸具有降低血脂和对抗炎症的作用;在人体消化吸收后,γ - 亚麻酸会转化成为EPA 和 DHA,EPA 和 DHA 具有预防老年痴呆、中风,增强视网膜反射的功效。松仁中所含氨基酸种类较为齐全,以红松籽(Korean Pine Seed)为例,其红松仁所含的氨基酸种类有胱氨酸、谷氨酸、丝氨酸、丙氨酸、甘氨酸、精氨酸、组氨酸等 10 余种非必需氨基酸,还含有如异亮氨酸、苏氨酸、蛋氨酸、亮氨酸等 8 种必需氨基酸。松仁中谷氨酸含量最高,临床实验表明谷氨酸可降低血氨,对精神分裂症有治疗作用;脱脂松仁蛋白由于其口感佳、营养丰富,被用作多种饮料和糕点的制备。

目前我国松子主要分为巴西松子和东北松子两种。东北松子,也称海松子、东北红松籽,红松籽是国家二级保护植物红松的果实,野生红松需要生长50年才能开始结松子,成熟期为两年,因此红松籽的经济价值很高。红松籽主要生长于我国吉林省、辽宁省、黑龙江省的长白山区、完达山区和小兴安岭林区。

我国是松子产量大国,松子具有很高的林区经济价值,我国以东北红松籽最为著名。2009 ~ 2014 年我国松子产量情况如图 1.1 所示,其中 2014 年我国松子产量的区域分布如图 1.2 所示。

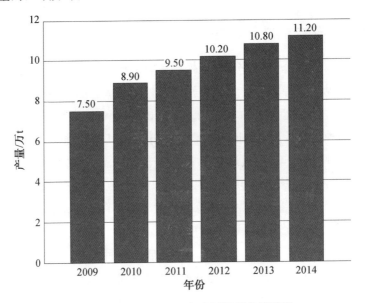

图 1.1　2009 ~ 2014 年我国松子产量情况

由图 1.1 可知,自 2009 年起我国松子产量呈逐年增长的趋势,截至 2014 年年底全国松子产量为 11.20 万 t,同比 2013 年的 10.80 万 t 增长了 3.7% ;由图 1.2 可知,2014 年仅黑龙江森工地区年产量就达到了 6.40 万 t,占全国年产量的 50% 以上。

我国松子的销路极为广阔,已销往 20 多个国家和地区,占全球松子交易量的 60% ~ 70% 。我国具有独特的松子资源优势,种植松子的产出效益日益凸显,松子已成为农民增收的特色经济作物之一,能为当地带来良好的经济效益。

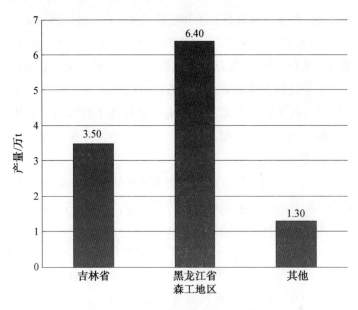

图1.2 2014年我国松子产量区域分布

　　然而,目前我国松子产后产值虽有增长,但仍未超过采收时的自然产值。目前我国松子市场主要存在以下问题:首先,我国对于松子品质的划分没有一个统一的标准,市场上的松子多为散装销售,多数没有品牌,造成松子品质优劣难分;其次,松子储藏环节中的品质监管、科学规范性不够,使得我国松子的储藏能力有所降低;最后,我国企业对于松子的开发利用和加工深度还不够,松子高附加值产品较少。

1.1.2　研究意义和目的

1.研究意义

　　松子只有经过产后商品化处理,才能创造更大的经济价值,这为松子品质无损检测方法的研究提供了广阔的应用前景。松子加工过程中的成分分析及品质分级与检测,是松子市场需求和品质管理的必要手段。我国松子市场对松子品质监管、松子开发利用和深加工的需求促进了松子外部品质无损分级、内部品质无损检测方法的开展与研究。松子品质的无损检测对松子的产后加工和销售都有一定的价值,也有积极推动松子生产的作用。

　　松子外部品质无损分级、内部品质无损检测是松子出口品质的重要物理性指标,我国农业部对其非常重视。我国农业部的"农产品加工业发展行动计划"文件中明确提出了加强高新技术和配套设备(如无损检测设备)的开发与应用,以实现农产品产后处理环节(如分级、整理等)的自动化、高效性,这无疑为松子外部品质无损分级、内部品质无损检测提供了政策基础和物质支持。目前我国对松子无损检测方法的研究还没有广泛地展开,尤其对于松子内部品质脂肪、蛋白质、水分的无损检测方法的研究开展得还不够深入。利用无损检测方法可以提高松子的分选水平和其品质的国际竞争力。发展松子无损检测方法的研究任重而道远。

松子的外部品质和内部品质是检测松子质量的两个重要指标,松子的外部品质主要是指其形状、大小、表面裂痕等特征参数;松子的内部品质主要是对其脂肪、蛋白质、水分等组成成分的分析。

目前松子外部品质等级划分多采用人工分级或机械振动筛选的方法实现。人工分级的劳动强度大,需要的劳动力多,分级结果会受到主观经验的影响;振动筛选虽在分级效率方面有所提高,但其噪声大、功耗大,并且由于较大的级差,因此分级的精准度不高,且在分级过程中会对松子产生一定程度的碰撞磕伤。目前松子内部品质脂肪、蛋白质、水分的检测是基于理化成分定量分析的方法,理化方法的检测步骤烦琐、检测耗时较长,并且由于需要大量的挥发性溶剂,在检测过程中会危害到检测人员的身体健康,松子在经过检测后也无法继续使用,由于只能抽样检测,因而无法实现大规模的在线检测分析。因此,建立一种无损、简便、高效、准确、安全的松子外部品质分级、内部品质检测方法,是非常必要的,也是势在必行的。

随着我国坚果消费水平的不断提高,对于松子外观、松子的整齐度及其内在品质的要求也将不断提高,这必将推动松子产后处理和检测分级技术的大跨步发展。

机器视觉技术具有可靠、快速、智能化、非接触等优点,近红外光谱技术具有成本低、速度快、测量方便、效率高、无损分析复杂样品等特点,而且近年来低价格图像采集系统、微型光谱仪的发展,都为松子外部品质无损分级、内部品质无损检测研究方法的开展提供了重要的仪器装置保障。

2. 研究目的

本书综合数学、物理学、化学、光学、光谱分析技术等多学科知识,以黑龙江省伊春市凉水国家级自然保护区生的红松籽为研究对象,开展了利用机器视觉技术对其外部品质进行无损分级、利用近红外光谱分析技术对其内部品质进行无损检测方法的研究。在红松籽外部品质无损分级方法的研究方面,探讨红松籽轮廓提取的有效方法、红松籽果长和最大脱蒲横径数学模型的建立,研究红松籽外部品质分级的评定标准;在红松籽内部品质无损检测方法的研究方面,分析红松籽近红外光谱响应特性,探索红松籽脂肪、蛋白质、水分建模精度影响因素,红松籽建模样品的选择方法,以及脂肪、蛋白质、水分无损检测近红外数学模型的构建。

在红松籽外部品质无损分级方面,本书以带壳生的红松籽为研究对象,研究了一种改进的 C - V 模型的红松籽目标轮廓提取方法,在此基础上提取红松籽果长、最大脱蒲横径特征参数,并分别将其与实测值进行关联,构建红松籽果长、最大脱蒲横径的数学模型,根据红松籽果长、最大脱蒲横径,提出红松籽外部品质综合评定分级标准,进而达到通过对红松籽数字图像的处理与分析,能够高效、准确地达到对其外部品质的无损等级划分的目的。

在红松籽内部品质无损检测方面,本书以带壳红松籽和去壳红松仁为研究对象,利用近红外光谱分析技术对其脂肪、蛋白质、水分进行无损检测研究,研究不同光谱预处理方法、不同波段筛选方法对建模精度的影响,最终确定相对较优的光谱预处理方法和波段筛选方法,并给出适合于带壳红松籽和去壳红松仁脂肪、蛋白质、水分建模的相应波段范围,分别构建高质量的带壳红松籽和去壳红松仁脂肪、蛋白质、水分近红外数学模型,从而达到带壳红松籽、去壳红松仁内部品质脂肪、蛋白质、水分的简便、快速、准确的定量无损检测的目的。

本书可以为红松籽外部品质分级、内部品质检测提供新的研究方法和途径,同时也可以为我国研制自主知识产权的红松籽外部品质无损分级、内部品质无损检测设备提供理论和实验指导,继而还能够将该研究方法应用到其他类坚果外部品质无损分级、内部品质无损检测中去,提高我国坚果类商品的国际竞争能力和价值,进而达到增加农民收入和农业收益的目的。

1.2　机器视觉技术和近红外光谱分析技术

1.2.1　机器视觉技术

机器视觉的目的是利用计算机来模拟人的视觉功能,以期用机器代替人眼对目标对象实现测量、判断和识别。机器视觉的突出贡献在于可以代替人类,实现人眼所不能完成的工作任务。机器视觉技术具有可靠、快速、智能等优点，能够提高产品检测结果的一致性、降低人工劳力的投入、减少产品生产的耗时，对实现企业智能化、可视化的管理和高效率的安全生产起到了决定性的根本作用。

1. 机器视觉技术的发展

机器视觉技术自20世纪50年代被首次提出以来，得到了迅速发展，其发展过程如图1.3所示。

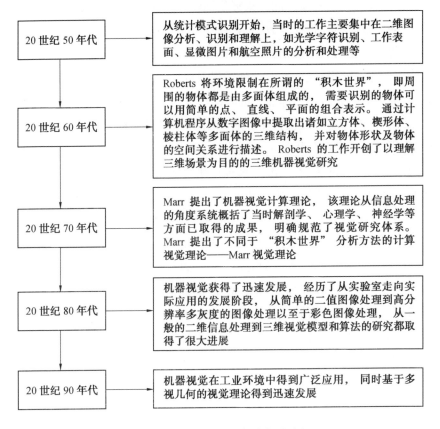

图1.3　机器视觉技术的发展过程

2. 机器视觉系统的优点

机器视觉系统实现了将计算机与具有高效计算能力、可重复性、快速应对能力的电子系统，及具有类似于人类视觉的高度智能化、判断力、抽象力的特殊能力结合起来，为实现仪器设备精密控制、自动化、智能化提供了一种有效手段,被称为现代工业生产的"机器眼睛",与传统的传感器和人工操作相比其具有的独特优点如图 1.4 所示。

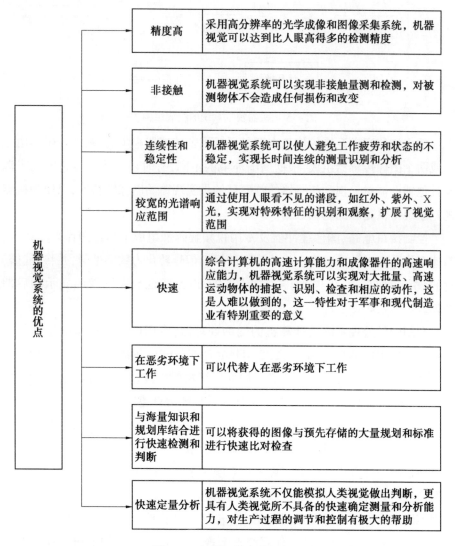

图 1.4　机器视觉系统的优点

3. 机器视觉系统的组成

机器视觉系统以计算机为中心,其包含专用图像处理系统、高速图像采集系统、视觉传感器等 3 大模块,其组成结构如图 1.5 所示。

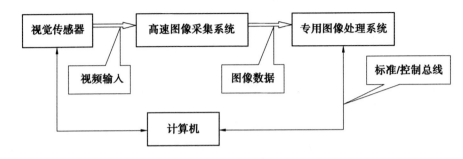

图 1.5 机器视觉系统的组成结构

整个机器视觉系统的信息来源是通过视觉传感器采集的,视觉传感器由一个或两个图像传感器组成,根据周围环境的不同,有时还需要配以特定的光源及其他辅助器材。视觉传感器的首要目的是实现原始图像的获取,以便为机器视觉系统提供足够的基础数据。

控制接口电路、图像缓冲器及专用视频解码器组成了高速图像采集系统,高速图像采集系统能够实现将获取到的模拟信号转化为数字型号,并将经过转化的数字图像高速、实时地传送给计算机,以便实现数字图像的显示和后期处理。

专用图像处理系统是计算机的辅助处理器,专用图像处理系统通常采用FPGA、专用集成芯片(ASIC)、数字信号处理器(DSP)等硬件处理器,专用图像处理系统的功能是达到各种低级图像处理算法的快速、实时完成,进而达到减轻计算机处理工作负担,提高整个机器视觉系统运算速度的目的。

计算机在整个机器视觉系统中起着"大脑"的作用,其要控制各个模块的正常运行,还要让各个模块协同工作,此外计算机要将最后的处理结果进行可视化地显示。计算机接收到图像采集系统采集到的图像,利用其上的软件系统对图像进行相应的处理,以获得最终的图像处理结果。根据不同的需求,可以采用不同的软件系统对图像进行处理,若只通过软件系统无法实现预期的效果,则可以通过加入相应的硬件系统来实现。因此,一个实用的机器视觉系统是比较灵活的。

1.2.2 近红外光谱分析技术

1.近红外光谱的信号及应用特征

分子内部原子间振动的倍频与合频是近红外光谱(Near Infrared

Spectrum,NIRS)的信息源。近红外光谱介于中红外谱区和可见谱区之间,中红外谱区的频率低于近红外光谱信号的频率;因此近红外光谱与可见光类似,对其进行采集和处理较为容易。美国材料检测协会(ASTM)定义近红外光谱的频率范围为 13 000 ~ 4 000 cm^{-1},波长范围为 770 ~ 2 500 nm,可对近红外区进行近红外短波和近红外长波两个区域的划分,其波长范围分别为:780 ~ 1 100 nm 和 1 100 ~ 2 526 nm。近红外光谱在整个光谱区中的位置如图 1.6 所示。

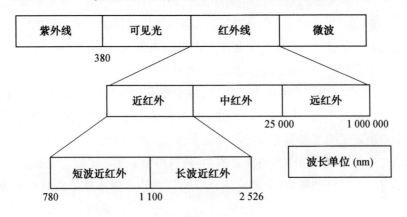

图 1.6　近红外光谱在整个光谱区中的位置

　　近红外光谱主要指有机分子的合频和倍频的吸收光谱,通过对近红外光谱的分析可以获取分子的状态、组成、结构等信息,还可以分析得到样品的纤维的直径、密度、高分子物的聚合度和粒度等样品的物理状态信息。因为近红外谱区的吸收主要是分子或原子振动基频在 2 000 cm^{-1} 以上的倍频、合频吸收,所以有机物近红外光谱主要包括 O—H、N—H 和 C—H 等含氢基团的合频与倍频吸收带,表 1.1 给出了在近红外光谱区各种含氢基团的谱带归属。

表 1.1　近红外光谱区各种含氢基团的谱带归属

类型	芳烃 CH/nm	甲基 /nm	亚甲基 C—H/nm	N—H/nm	O—H/nm
一级倍频	1 680	1 700	1 745	1 540	1 450
合频	1 435	1 397	1 435	—	—
二级倍频	1 145	1 190	1 210	1 040	986
合频	—	1 015	1 053	—	—
三级倍频	875	913	934	785	730
四级倍频	714	746	762	—	—

2. 近红外光谱分析的技术方案

制订近红外光谱检测技术方案的目标是实施检测的技术思路,以保证获取优秀的检测结果。近红外光谱检测红松籽内部某种物质成分的具体步骤是:

(1) 红松籽多元信息的采集。

信息采集是近红外光谱检测技术方案的第一个基本步骤,它为建立容变性模型采集提供需要的关联信息与范围信息,是近红外光谱检测技术的基础。红松籽多元信息的采集包含3个环节:① 选择具有代表性的一定数量的红松籽样品。要选择不同大小、成分分布范围广的红松籽作为代表性样品。② 用近红外光谱仪测定红松籽样品的光谱信息。测量红松籽代表性样品的近红外表观光谱,形成建模红松籽样品的光谱矩阵,每个样品的光谱信息包含样品真实光谱的确定信息与不确定信息,其中,确定信息决定了建立的模型的可靠程度;不确定信息决定了模型能够容许样品光谱参数变动的范围。③ 运用理化分析方法测定红松籽建模样品中的待测量值,并将其作为实测参比值。光谱定量分析都需要有作为定量的基准,常规光谱分析的基准是某种标准样品的真实值,真实值是唯一确定的。

(2) 红松籽近红外光谱信息的处理与模型的建立。

对光谱信息进行预处理,可以提高信息质量,然后运用相应软件构建成分值与红松籽近红外光谱信息间的数学模型。① 红松籽近红外光谱信息的预处理。多种光谱的数学预处理方法有:通过数据卷积平滑能够去除光谱中的高频噪声;光谱的基线平移能够通过一阶导数进行消除;光谱的基线旋转能够通过二阶导数得到抑制。② 数学模型的建立。数学模型建立的方法有很多种,如主成分回归分析(Principle Component Regression,PCR)、多元线性回归(Multiple Linear Regression,MLR)、人工神经网络(Artificial Neural Network,ANN)、偏最小二乘法(Partial Least Squares,PLS) 等方法。建立的数学模型需具有稳定性与可靠性两个基本特性,模型的稳定性是指建模过程采用了稳健性不同的策略,使模型对样品光谱有不同的适配范围;模型的可靠性是指模型分析结果的可靠程度,即建模数据的测定性能所决定的模型可靠性。

(3) 利用所建立的模型对未知的红松籽样品预测和精准度分析。

近红外光谱检测技术为了构建高质量的数学模型,需要将模型对未知样品光谱的计算结果与样品待测量的实测参比值进行比较,从而对模型性能进行评估,若不符合要求,则需要反复优化建模数据与算法,进一步拟合光谱信息与待测量二者之间的关系,直到达到要求。

3. 近红外光谱分析的技术特点

与传统理化分析技术相比,近红外光谱分析技术具有许多优点:其穿透性高使其能够实现带壳物料内部品质定性、定量的分析;通过对待测样品的近红外光谱数据的一次采集,在短短的几分钟内,就能够实现多项性能指标的测定(最多可达十余项指标);在光谱测量的过程中无须对待测样品进行任何前处理;是无损、无消耗的"绿色"分析方法;分析重现性好、成本低。近红外光谱分析的技术特点如图 1.7 所示。

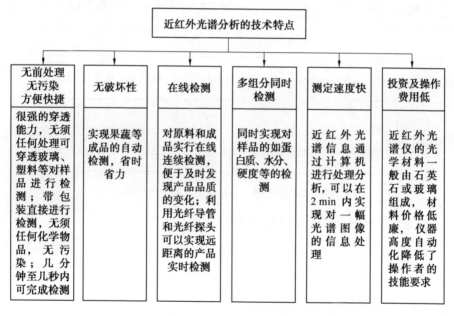

图 1.7 近红外光谱分析的技术特点

同样近红外光谱分析技术也具有一定的局限性,要得到样品的分析结果,必须要构建一个稳健、可靠的近红外光谱数学模型,该模型的真实值必须通过相应理化分析来获得,这就需要大量的人力、时间和资金的投入。模型建立后可以快速、简便、经济地实现经常性样品的分析,但对于偶然性样品并不适合。

近红外光谱分析技术并不适用于对痕量的分析,这是由其吸收系数较小造成的。

4. 近红外光谱分析技术的发展过程

1800 年天文学家 William Herschel 发现了近红外光谱区,其历经了 5 个发展过程,如图1.8所示。

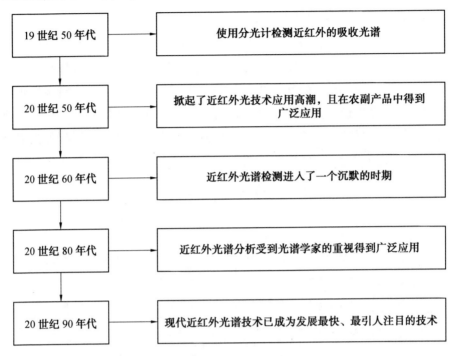

图1.8　近红外光谱分析技术的发展过程

5. 近红外光谱分析仪器的发展过程

近红外光谱分析仪器在电子学、光学和计算机技术不断发展的条件下,也得到了快速的发展,其发展过程如图1.9所示。

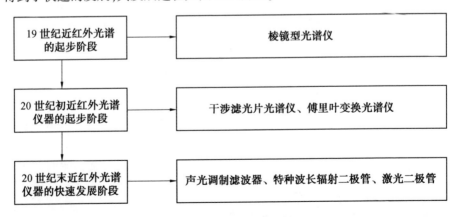

图1.9　近红外光谱分析仪器的发展过程

1.3 坚果品质研究国内外研究概况

在坚果品质的研究过程中,在坚果外部品质分级方面,国内外的研究学者逐渐由机械式的分级方法向可视化、智能化的方向发展;在坚果内部品质检测方面,逐步由传统的理化分析方法向快速化、安全化的无损检测方面发展。

1.3.1 国内研究概况

在坚果外部品质分级方面,2004 年北方工业大学的方建军、刘仕良等人开发了一套采用机器视觉技术实现板栗分级装置的系统,该系统由图像处理系统、分级机构和控制系统平台 3 部分组成。将板栗近似为椭圆形,以该椭圆形扁平面的长、短径及它们的比值作为板栗分级的标准参数,板栗图像识别的结果用以驱动电磁阀的工作,通过气流将板栗吹至相应的分级等级结果中。

2008 年河北绿岭果业有限公司的李保国等人开发了一种栅条滚筒式核桃分级机,该分级机由分级结构、机架、传动结构 3 部分组成,其中分选筛筒是分级结构的主体。分选筛筒的内部开有大小不同的分选孔,依据孔的大小分为不同的分选段,环形阻挡板被设立在相邻分选段处,起到阻隔不同等级核桃的作用,大小不同的核桃依据其最小值径,根据重力作用通过相应等级的分选孔,落入分级收集槽中,从而完成核桃的分级。

2010 年新疆农业大学的何鑫开发设计了一套 6FG - 900 型核桃分级机,其采用辊轴式分级法,依据核桃的侧径尺寸为标准,对不同种类的核桃进行连续分级。在分级过程中,核桃在分级辊上随之行进,在行进的过程中,棍子在受到摩擦力的情况下会发生自转运动,使得其上的核桃姿态逐步调整,直至核桃的侧径被完全担在棍轴的两侧,由于辊轴间的间距是逐渐扩大的,当辊间间隙等于或大于核桃侧径时,则核桃会落入相应等级的分级结果中,进而实现核桃等级的连续分级。同年华中农业大学的展慧等人采用 BP 神经网络的方法,按照提取到的罗田板栗图像特征参数对合格和缺陷板栗进行了分级检测。分别提取了板栗的纹理、颜色等 8 个特征参数,按照色泽光泽、着色均匀的 1 级板栗,着色不均的 2 级板栗,霉变、缺陷的 3 级板栗来对板栗进行等级划分。实验结果表明该 BP 神经网络模型对板栗等级判断的准确率为 91.67%。同年展慧等人又采用了近红外光谱技术对湖北京山板栗进行了 3 个等级的划分,但该方法的误判率较采用机器视觉的方法高,这主要是由于对外壳存在缺陷而栗仁完整的误判而产生的结果,因此展慧等人将提取到的板栗图形信息与近外光谱信息进行了融合,最终将识别率提高到了97.92%。同年青岛农业大学的韩仲志等人对花生籽粒的正反面图像进行了采集,提取了花生的颜色、形态、纹理等54个特征参数,分别构建了支持向量机和BP神经网络的花生品质检测模型。实验结果表明采用构建的支持向量机模型对不完整花生籽粒、霉变花生籽粒等不同品质的花生籽粒鉴别准确率在95%以上。同年浙江农林大学的刘建军等人采用机器视觉的方法对山核桃的等级进行了检测研究。利用CCD摄像机同时获取多个山核桃的数字图像信息,通过将图像由RGB空间转换为HSI彩色空间,并利用Ostu阈值法,将山核桃与背景进行了分离,对提取出的山核桃图像进行横径、大小等的测量,从而构建出了山核桃横径、果长、质量的一元线性回归方程,实验结果表明,横径、果长和质量的平均机测精度分别为97.2%、96.6%和91.0%。同年中国热带农业科学院的薛忠等人应用机器视觉技术对澳洲坚果展开了分级研究。将提取到的澳洲坚果图像的直径、果重分别与实测值进行线性回归分析,则最终测得到直径、果重平均相对误差分别为0.781%和1.544%。

2011年罗定职业技术学院的郭晓伟应用机器视觉方法对开口开心果和闭口开心果进行了识别,经过图像处理后,若判定识别到的为闭口开心果,则驱动气嘴工作,将其吹离运输平台,从而起到剔除闭口开心果的作用。实验结果表明对开口开心果和闭口开心果的识别率分别为93%、100%。同年华中农业大学的周竹等人对得到的带壳板栗的近红外光谱数据进行傅里叶变换,并利用GA-LSSVM算法构建了精度较高的带壳板栗霉变模型,结果表明对合格板栗、内部霉变板栗以及外部霉变板栗的平均识别正确率分别为95.89%、98.25%和100%。

2014年山西省农业机械研究所的王维等人开发设计了一套3FJ-001型高效核桃分级机,该核桃分级机是一种3层式振动结构,其关键部件是振动箱。其分级原理是,在核桃通过喂料斗进入振动箱后,在振动源的带动下,核桃会在经调整至适当角度的筛网上不断做跳跃运动,该跳跃运动使得核桃不会相互叠加在筛网上,同时核桃在被抛起的过程中也在做直线运动,当其运动到筛网间距大于其最小直径的位置时,由于重力作用,核桃会掉入下一级筛网上,最终相应等级的核桃会运动至对应的出料口处,进而实现等级的划分。同年农业部南京农业化机械研究所的刘敏基等人设计开发了栅条滚筒式带壳花生分级机。该分级机由分级装置、出料装置、传动装置等3部分组成,通过增加或减少栅条数量来提高或降低分级精度,通过调整栅条间的间隙来实现相应所需的分级效果。

2015 年新疆农业大学的刘军等人采用机器视觉和支持向量机的方法对核桃外部的种类进行了判别研究。将初始提取的 20 个纹理、几何等特征,进行 9 维特征向量的转换,以此分别构建了支持向量机、贝叶斯和 BP 神经网络的 15 个不同识别模型,对核桃的黑斑、裂缝、碎壳 3 类不同的外部缺陷进行识别。实验结果表明,黑斑、裂缝、碎壳的平均识别率分别为 89.27%、93.06% 和 88.31%,平均识别时间为 0.000 1 s 级。

在坚果内部品质检测方面,1990 年东北林业大学的陈红滨等人利用双波长薄层锯形扫描法和微晶纤维素层析法对红松籽仁中的氨基酸组分和含量进行了定性、定量分析研究。实验结果表明,红松籽仁中含有异亮氨基、丙氨基、丝氨基等 17 种氨基酸,且氨基酸的含量会随着红松籽的储藏时间而发生变化。

2009 年云南省农业科学院的汪庆平等人构建了山核桃的粗脂肪和蛋白质近红外模型,预测集山核桃的粗脂肪和蛋白质的相关系数分别是 0.99 和 0.88。

2010 年华中农业大学的刘洁等人以带壳板栗和栗仁为研究对象,对板栗进行了近红外光谱分析的水分无损检测,分别构建了带壳板栗和栗仁的近红外光谱模型,且经过一阶求导处理后构建的水分模型最佳。实验结果表明,预测集带壳板栗和栗仁的均方根误差分别为 2.35% 和 2.27%。同年黑龙江省伊春市质量技术监督局的陈永霞采用化学分析方法对红松籽中的蛋白质、脂肪、纤维素总糖、总氨基酸及色氨酸进行了定量检测研究,通过分析红松籽的营养价值,发现其为高脂肪、高蛋白类的干果,利用红松籽仁进行乳制食品的配制是行之有效的。

2011 年东北林业大学的吴晓红等人利用氨基酸自动分析仪对红松仁可溶性蛋白中的氨基酸组成进行了分析。结果表明,红松仁蛋白的主要组成蛋白有醇溶蛋白、水溶蛋白、碱溶蛋白和盐溶蛋白;红松仁中含有多种氨基酸,其中含量最高的为谷氨酸,精氨酸位居第二。同年华中农业大学的刘洁等人以带壳板栗和栗仁为研究对象,利用近红外光谱分析技术对板栗蛋白质进行了无损检测,经过多种预处理方法的对比分析,最终构建了经一阶微分处理后的带壳板栗和栗仁偏最小二乘蛋白质模型,其校正集的相关系数分别是 0.874 8 和 0.904 4。

2012 年中国计量学院的傅谊等人应用近红外光谱技术构建了板栗淀粉、

糖度和硬度偏最小二乘模型,其实验结果表明,这 3 种模型的相关系数都达到了 0.99 以上。

2013 年北京工商大学的陈天华等人对花生的含水率采用 FoodScan FOSS 光谱仪进行了检测,将采集到的训练集花生样品光谱信息作为 BP 神经网络的输入参数,进而实现对花生含水率是否满足国家标准的判别,结果表明,对 20 个预测集花生样品的判别全部正确。

2014 年淄博职业技术学院的李猛采用微波消解 – 全反射 X 射线荧光光谱法对红松籽仁中的矿物质含量进行了检测。实验结果表明,松仁中钒、铜、锌、钴、钾、砷、硒、铷、铬、镍、锶、钙、钛、铁、铅和锰 16 种矿物元素的检出限在 0.003 ~ 0.142 mg/kg 之间,与采用电感耦合等离子体制谱法所测得的对比结果的相对标准偏差在 0.8% ~ 4.7% 之间。同年郝中诚等人利用便携式光栅扫描光谱仪,在 1 000 ~ 1 800 nm 波长范围内建立了南疆温 185 核桃仁和核桃壳的水分近红外数学模型,核桃仁和核桃壳的水分模型预测的相关系数分别为 0.888 4 和 0.902 3。

2016 年塔里木大学的贾昌路等人利用近红外技术对带壳的 5 个品种南疆核桃的光谱数据进行了获取,比较了不同品种的光谱差异,并根据不同的吸光度成功地对核桃的品种和品质进行了鉴定。

1.3.2 国外研究概况

在坚果外部品质分级方面,1995 年 T. Pearson 利用机器视觉技术,对加州未受黄曲霉病毒污染的开心果与受到污染的开心果进行了分离,该方法替代了传统的利用手工进行分离的方法,实验结果表明,采用该基于机器视觉方法的错分率为 15%。

1996 年 Ghazanfari 等人利用模式识别和神经网络对开心果进行了分级研究,对训练集 260 个开心果的面积、果长、果宽、周长的形态特征参数进行提取,将它们作为神经网络模型的输入参数,进而构建出多个开心果等级识别模型。该研究中将开心果进行 4 个等级的划分,各个模型的等级判定结果的平均准确性均在 82.8% 以上。

2008 年 Menesatti 等人根据榛子图像的不同形状特征对意大利的 4 大种类榛子进行了智能化判别研究,其中 Tonda di Giffoni 和 Tonda Romana 2 个种类的榛子形状类似于圆球形,而 San Giovanni 和 Mortarella 的形状则类似于细长的球状。研究中采用椭圆傅里叶近似封闭轮廓获取榛子目标,根据形态学方法进而获取到榛子目标的侧径、果轴等信息,从而实现不同种类的判定。

2010 年 Federico 采用图像分析技术对去壳的 11 个品种榛仁进行品种判定,研究中分别运用两种统计方法:RGB 固定阈值法图像和 K - 均值聚类法实现不同种类的判定,并将判定结果分别与操作人员肉眼判定的结果相比较,结果表明,采用 K - 均值聚类算法得到的判定结果的准确性更高。同年 Mathanker 利用区域自适应阈值法对美洲山核桃的 X 射线图像的虫害缺陷进行了检测,该研究方法在检测速度上有很大的提高,并且还可以将此方法应用到柑橘、金属结构的图像目标检测中,为美洲山核桃在线无损虫害缺陷检测提供了一种新的方法。

2012 年 Huang 开发出了一种利用 BP 神经网络和图像处理技术对槟榔等级进行分类的系统,该系统可以实现对槟榔表面虫害等缺陷的识别,同时可以对槟榔的主轴长、次轴长、轴数、面积、周长和密实度 6 个几何参数进行提取,还可以实现对槟榔的 3 个颜色特征参数进行提取,依据提取出的缺陷种类、大小来对槟榔进行品质分类,实验结果表明,采用该系统能够成功地实现槟榔品质的分类,并且分类的平均精度为 90.9%。同年 Ercisli 等人用机器视觉技术分别对我国 35 个品种、土耳其 10 个品种的核桃进行了外部品质研究,结合核桃纹理、果长、果宽、缝合线、壳厚等特性,用简单序列重复标记等方法总结各品种的性状特征。

2014 年 Chen 等人采用简单重复序列(Simple Sequence Repeat,SSR) 标记对我国 35 个品种的核桃进行了坚果形状特性分析研究。结果表明,依照核桃的外形形状可以将这 35 种品种的核桃分为 11 大类,此外这时 35 种不同品种的核桃可以依据其 4 对原始信息进行分类,并且每个类别所呈现的纹理信息是各不相同的。

在坚果内部品质检测方面,1993 年香川绫等人对 100 g 松仁(炒热松子壳占 40%)的组成成分进行了分析研究,其中蛋白质质量为 14.6 g,脂质质量为 60.8 g,糖分质量为 17.2 g,松仁的矿物质含量极为丰富,其中钙的质量为 15 mg、磷为 550 mg、钾为 690 mg、钠为 4 mg、铁为 6.2 mg、烟酸为 3.6 mg。

2008 年 Eladia 等人对特纳利夫岛的 19 个品种的板栗化学组分进行了检测研究,研究结果表明不同种类的板栗的水分、淀粉、总酚、可溶性及非可溶性纤维、钙、镁、锌、铜的含量有明显的不同,并且采用线性判别分析的化学计量学方法测定板栗成分的含量,进而对板栗的品种进行了准确的判定。

2009 年 Mexis 等人对生的去壳核桃仁在不同包装和储藏条件下的品质变化展开了分析探讨。研究中分别将去壳核桃仁放入 3 种不同厚度的聚乙烯包装中,并分别储藏在荧光灯和黑暗环境中 12 个月,在此期间对核桃仁的过氧化值、乙醛、硫代巴比妥酸、味道和口感进行监测,结果表明,核桃仁的相关品质会随着储藏条件、温度和时间等因素发生不同程度的变化,其中温度的改变对核桃仁品质变化的影响最为突出。

2012 年 Joao 等人对不同年份的板栗化学成分进行了研究,研究中选用了 2006 年、2007 年、2008 年的不同品种的板栗,分别对它们的脂肪酸、甘油酯和生育醇等营养成分进行了评估,发现随着储藏年限的增加,板栗水分的变化最为明显,其糖类、蛋白质和脂肪含量的变化则分别居第二、三、四位,并且不同品种的板栗随着储藏年限的增加,其化学成分含量的差异逐渐缩小。

1.4　红松籽品质无损检测的研究内容

本书拟从外部品质分级、内部品质检测两个方向对红松籽的品质展开研究,本书的总体研究内容如下:

在红松籽外部品质无损分级研究方面:

(1) 为了实现红松籽目标轮廓的提取,本书拟在传统的 C - V 模型的基础上,研究一种改进的 C - V 模型的红松籽目标轮廓的提取方法,以期实现红松籽目标轮廓的准确获取;同时针对多红松籽目标的数字图像,研究一种改进的多水平集 C - V 模型的多红松籽目标轮廓的提取方法,以期实现同时对多红松籽目标轮廓的自动获取。

(2) 为了比较全面、准确地表征红松籽的外部特征,本书拟结合数学形态学的方法,对红松籽的果长、最大脱蒲横径特征参数进行提取,并分别与实测值进行关联,构建红松籽果长、最大脱蒲横径的数学模型,以期实现对红松籽果长、最大脱蒲横径的无损、准确预测。

(3) 为了对红松籽的外部品质进行分级,本书拟在依赖单一方向果径进行分级的方法上,提出依据红松籽果长、最大脱蒲横径的外部品质综合评定分级标准,以期根据消费者的选购规律,对红松籽实现高效、准确的外部品质无损分级。

在红松籽内部品质无损检测研究方面:

(1) 为了实现对带壳红松籽内部品质的无损检测,本书拟以带壳红松籽和去壳红松仁为研究对象,分别获取它们的近红外光谱响应特征并进行对比分析,通过对构建的带壳红松籽与去壳红松仁模型的比较,探讨松籽壳对模型精确度的影响,以期实现对带壳红松籽内部品质脂肪、蛋白质、水分的无损检测。

（2）为了实现红松籽脂肪的无损检测，本书拟采用便携式近红外光谱仪在 900~1700 nm 波长范围下，对带壳红松籽和去壳红松仁的近红外光谱信息进行获取。分别利用求导、矢量归一化、多元散射校正和变量标准化校正对带壳红松籽和去壳红松仁原始光谱数据进行预处理，并分别构建数学定量分析模型，通过比较不同模型的质量，以期确定相对较优的预处理方法；在此基础上，分别利用间隔偏最小二乘法、反向间隔偏最小二乘法、无信息变量消除法进行特征波段的选取，以期找到适合红松籽脂肪建模的光谱波段范围，从而构建出质量较好的带壳红松籽和去壳红松仁的脂肪近红外模型，最终实现对带壳红松籽和去壳红松仁脂肪的快速、准确的定量无损检测。

（3）为了实现红松籽蛋白质的无损检测，本书拟采用近红外光谱分析方法对带壳红松籽和去壳红松仁蛋白质进行定量检测研究。分别利用多种预处理方法对带壳红松籽和去壳红松仁的原始光谱数据进行处理，探讨不同光谱预处理方法对建模精度的影响，以期确定相对较佳的预处理方法；并进一步分别利用反向间隔偏最小二乘法、无信息变量消除法实现特征波段的筛选，以期找到较适合于带壳红松籽和去壳红松仁的建模波段范围和相对较优的波段选取方法，最终完成质量较好的带壳红松籽和去壳红松仁蛋白质近红外模型的建立，从而实现带壳红松籽和去壳红松仁高效、准确、快速的蛋白质无损定量检测。

（4）为了实现红松籽水分的无损检测，本书拟以带壳红松籽和去壳红松仁为研究对象，分别获取它们的光谱响应特征，并分别与采用传统的理化分析方法获得的水分进行拟合，从而构建出带壳红松籽和去壳红松仁的水分近红外模型。为了优化模型的质量，拟分别采用不同的光谱预处理方法及多种波段优选方法对光谱数据进行处理及波段的选取，比较不同预处理方法、不同波段筛选方法对红松籽水分建模精度的影响，以期找到相对较好的预处理方法，并确定出相对较优的波段选取方法、适合建模的光谱波段范围，从而实现对带壳红松籽和去壳红松仁水分近红外模型的优化，最终完成对带壳红松籽和去壳红松仁水分无损、准确、快速的定量检测。

1.5 红松籽无损检测研究的技术路线

1.5.1 红松籽外部品质分级技术路线

红松籽外部品质分级技术路线如图 1.10 所示。

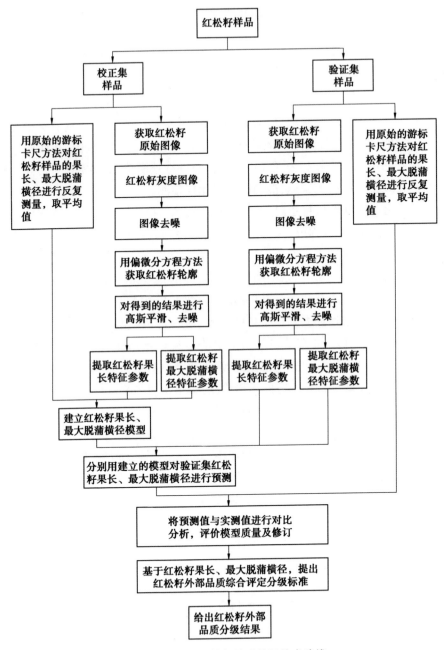

图 1.10 红松籽外部品质分级技术路线

需要说明的是,根据红松籽数字图像提取到的红松籽果长、最大脱蒲横径特征参数为图像像素值,单位为 pixel,需分别将它们代入建立的模型中进行计算,从而得到预测值,预测值的单位为 mm。通过对果长、最大脱蒲横径的预测值与实测值的比对结果来对红松籽果长、最大脱蒲横径模型的质量进行评价。若预测精度还不够理想，则可采用如对偏微分方程模型进行改进等方法对红松籽轮廓、果长、最大脱蒲横径信息进行更为准确的提取，并进一步与实测值进行关联，从而构建出高质量的红松籽果长、最大脱蒲横径模型，实现模型质量的提升。

1.5.2　红松籽内部品质检测技术路线

红松籽内部品质检测技术路线如图 1.11 所示。

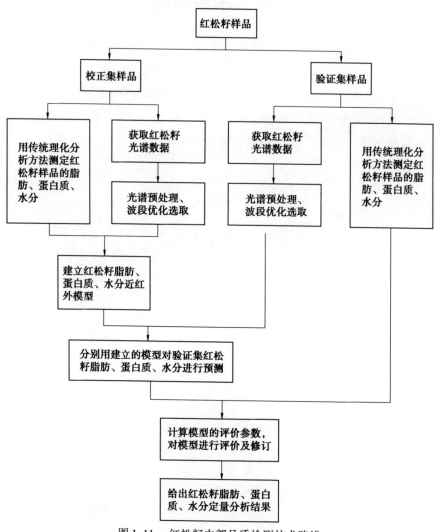

图 1.11　红松籽内部品质检测技术路线

　　需要说明的是,以建立的红松籽脂肪、蛋白质、水分近红外模型来对验证集的红松籽样品进行脂肪、蛋白质、水分(待测量)的预测,用预测值和实测定量分析值对模型的评价参数进行计算,并以这些评价参数来对模型的质量进行评定。若模型的评价参数还不够理想,则可采用不同光谱预处理方法、不同特征波段选取方法等对光谱数据进行优化处理,并进一步拟合光谱数据与待测量之间的关系,从而构建出质量更好的数学模型,实现模型质量的提升。

1.6　本章小结

　　在本章中,首先论述了松子的组成成分、营养功效,我国松子的种类、产量情况及松子的经济价值,并对目前我国松子市场存在的主要问题进行了分析,进而引出了本书的研究意义和目的;其次对机器视觉技术和近红外光谱分析技术进行了简要阐述,综述了国内外坚果外部品质分级、内部品质检测的发展现状;最后概述了本章的主要研究内容,并给出了本书的整体技术路线。

第2章　基于机器视觉的红松籽外部品质分级研究

　　红松籽外部品质作为消费者选购的最直观因素,直接影响红松籽的销量及经济价值。采摘后不同大小、品质的红松籽,都混合在了一起,为了保证红松籽质量,提高红松籽的附加值,就必须对其进行分级处理,分级处理是采后加工的关键环节,是提高红松籽品质的有效手段。红松籽只有经过产后商品化处理,才能创造更大的经济价值。随着计算机技术的快速发展,农副产品的分级技术逐渐向自动化和可视化方向发展。Khojastehnazhand 等人利用两个摄像机、特定的照明系统及计算机组成的机器视觉系统,对橙子的体积及表面积进行了计算,根据计算出的大小,对橙子进行了品质分类,根据得到的多角度的橙子图像,在计算机中重构出橙子的三维立体图像,将橙子沿着 z 轴方向进行切割,使其成为多个等高的椭圆椎体,通过计算全部椭圆椎体的体积和,进而实现对橙子体积的计算,实验结果表明,利用该系统计算出的橙子体积和表面积与实际测量出的橙子体积和表面积的误差不到 5%,它们的相关系数为 0.93。应义斌等人采用计算机视觉的方法对黄花梨表面的尺寸和缺陷进行了研究,根据黄花梨缺陷部分和正常部分对光的反射率不同,提取出黄花梨图像的红(R)、绿(G)色彩分量,求出图像中缺陷的可疑点,利用区域增长,从而确定出整个缺陷面积。李庆中等人对水果的表面缺陷采用基于分形特征的方法进行了识别,文中以实数域分形盒维数计算方法为基础,提出了双金字塔数据形式的盒维数快速计算方法,结合人工BP神经网络识别器,对水果表面的缺陷区和梗蒂区进行了区分,实验结果表明,识别准确率为93%。

　　然而,采用机器视觉技术对红松籽外部品质进行分级的研究几乎还未开展。目前对于红松籽的外部品质等级划分仍多采用人工分级或机械振动筛选的方法实现。人工分级存在需要大量劳动力、劳动强度大等缺点;振动筛选存在分级精准度不高、损伤样品等不足。

　　在本章研究中,拟采用改进的 C－V 模型实现对红松籽目标轮廓的提取,利用数学形态学方法,进一步获得红松籽果长、最大脱蒲横径特征参数,并与实测值进行一元非线性拟合,构建红松籽果长、最大脱蒲横径的数学模型,最后依据红松籽果长、最大脱蒲横径特征参数,提出红松籽外部品质综合评定分级标准,并利用改进的多水平集 C - V 模型实现同时对多个红松籽外部品质等级的无损、准确、可视化划分。

2.1 图像分割的偏微分方程方法

Jain 和 Gabor 在 20 世纪六七十年代提出了图像处理的偏微分方程方法,Jain 指出,偏微分方程方法可以实现图像中目标与背景融合度较高的图像分割,并且结果优于其他的协方差模型,将偏微分方程方法应用到图像修复、边缘检测及图像合成是可行的,然而文章中只是提供了理论性的指导思路,并没有将此方法实际的应用到图像处理中。 直到 20 世纪 80 年代,Witkin 与 Koenderink 实现了利用偏微分方程方法对图像进行开创性处理研究,文章中,根据图像的存储结构特点,将多尺度空间的概念引入到图像处理中,将图像分解到多尺度空间中,进而为将偏微分方程方法应用到图像处理中打下了坚实的基础。目前,图像处理的偏微分方程方法不仅在许多经典的图像处理方法中彰显了其优越的性能,并且还提出了一些传统图像处理从未涉及过的新方向,如图像的纹理和结构分解,仿射不变性特征提取等。

图像分割(Image Segmentation)是图像处理中的重要任务之一,其作为一类图像处理过程,位于中层处理(图像分析)与低层处理之间(图 2.1)。通过图像分割,可以实现图像中目标对象(Object)与图像中其余部分的分离,其分割结果可以为更高层次的图像处理进行服务和提供数据信息。

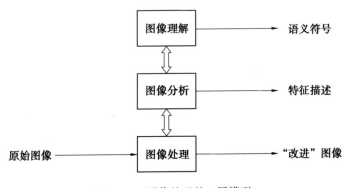

图 2.1　图像处理的 3 层模型

图像分割的困难之处主要在于:第一,由于图像分割的解在多数情况下并不是唯一的,因此图像分割表现出"病态"特征。第二,难以用统一的方法对一幅自然图像进行"对象"的表征,这主要是因为,图像中含有诸如纹理、边缘轮廓、形状、色彩等丰富的参数特征,所以在一类图像中合理、有效的分割方法,在另一类图像中却可能毫无作为。

2.1.1　水平集方法和变分方法

在用偏微分方程实现图像分割的问题上,水平集和变分模型是经常采用的最基本的活动轮廓模型。然而图像分割没有统一的理论和方法,要依据不同情况采取相应的有效方法。

1. 曲线几何演化的一般方程式

一个封闭的曲线序列 $C(p,t)$, $t \geq 0$,按偏微分方程进行演化时,可以表达为如下形式:

$$\frac{\partial C(p,t)}{\partial t} = V = \alpha(p,t)\boldsymbol{T} + \beta(p,t)\boldsymbol{N}, \quad C(p,0) = C_0(p) \qquad (2.1)$$

其中,V 表示曲线 C 的速度函数;α 和 β 分别表示切向和法向速率;$\boldsymbol{T}$ 和 $\boldsymbol{N}$ 分别表示单位切矢量和单位法矢量。

可以通过 x 函数实现曲线 C 的局部的 y 值的表达,即 $y = \gamma(x)$,则曲线 C 以 x 为参数的表达形式为:$C(x) = (x, \gamma(x))$,则其切矢量为:$C_x = (1, \gamma_x)$。进而曲线 C 的单位切矢量 $\boldsymbol{T}$ 和单位法矢量 $\boldsymbol{N}$ 分别为

$$\boldsymbol{T} = \frac{(1, \gamma_x)}{\sqrt{1 + \gamma_x^2}}, \quad \boldsymbol{N} = \frac{(-\gamma_x, 1)}{\sqrt{1 + \gamma_x^2}} \qquad (2.2)$$

于是当曲线 C 按式(2.1)进行演化时,其上任一点 x 和 y 将分别按以下方程式运动:

$$\frac{\mathrm{d}x}{\mathrm{d}t} = \alpha \frac{1}{\sqrt{1 + \gamma_x^2}} + \beta \frac{-\gamma_x}{\sqrt{1 + \gamma_x^2}}$$

$$\frac{\mathrm{d}y}{\mathrm{d}t} = \alpha \frac{\gamma_x}{\sqrt{1 + \gamma_x^2}} + \beta \frac{1}{\sqrt{1 + \gamma_x^2}}$$

考虑到

$$\frac{\mathrm{d}y}{\mathrm{d}t} = \gamma_x \frac{\mathrm{d}x}{\mathrm{d}t} + \gamma_t$$

故有

$$\gamma_t = \frac{\mathrm{d}\gamma}{\mathrm{d}t} - \gamma_x \frac{\mathrm{d}x}{\mathrm{d}t} = \alpha \frac{\gamma_x}{\sqrt{1+\gamma_x^2}} + \beta \frac{1}{\sqrt{1+\gamma_x^2}} - \alpha \frac{\gamma_x}{\sqrt{1+\gamma_x^2}} + \beta \frac{\gamma_x}{\sqrt{1+\gamma_x^2}} =$$

$$\beta \sqrt{1+\gamma_x^2} \tag{2.3}$$

由式(2.3)可知,曲线速度函数 V 的法向分量 β 决定了曲线几何形状的变化,而运动速度的切向分量 α 则对曲线的形状变化不起任何作用。因此,曲线演化的一般方程式可简化为

$$\frac{\partial C}{\partial t} = \beta N = V(k)N \tag{2.4}$$

其中, $k = \dfrac{u_{xx}u_y^2 - 2u_x u_y u_{xy} + u_{yy}u_x^2}{(u_x^2 + u_y^2)^{3/2}}$,为曲线 C 的曲率,表达了 C 的弯曲程度,与此同时,还决定了曲线 C 上各点的演化速率的快慢。曲率 k 的值越大,会驱使曲线演化的速度越快,因而曲线上弯曲度大(曲率大)的部分运动快,而平坦(曲率小)的部分则运动慢,甚至表现出趋于 0 的静止状态。

基于以上分析可知,曲线几何演化的根本思想是,在曲率和单位法向分矢量的作用下,对曲线随时间的几何形变进行观察。

2. 水平集方法

曲线按式(2.4)进行演化时,可以通过采用"标注质点"(Marker Particle)方法实现解的求取,但曲线在演化过程中可能会产生奇异性,一旦有奇异性现象的产生,则标注质点法就无法给出正确的结果,水平集方法正是在这样的条件下应运而生的。

水平集(Level Set)方法由 Osher 与 Sethian 于 1988 年提出,目前在图像处理方面已得到了广泛的推广与应用,其不仅是图像分割中的关键方法之一,也在图像去噪、增强及修复方面得到了普遍的应用。水平集方法的基本思想是把低维的计算提升为更高一维的水平函数,把描述 N 维的计算看作为 $N+1$ 维的一个零水平集,水平集函数根据其所满足的运动方程进行不断的迭代或演化,水平集函数的迭代或演化,会引起其所对应的零水平集进行着相应的变化,当水平集演化趋于平稳状态时,零水平集的变化随即停止,进而实现界面形状的获得。水平集方法将平面封闭曲线隐含的表达成连续函数曲面的一个具有相同函数值的同值曲线,进而保证了曲线在演化过程中的拓扑结构,此外水平集方法对拐点和角点的处理是自动完成的,无须人工干预。

一条平面封闭曲线可以以隐式的形式描述成为一个二维函数 $\phi(x,y)$ 的水平(线)集: $C = \{(x,y), \phi(x,y) = c\}$,即将该封闭曲线看作三维曲面 $\phi = \phi(x, y)$ 与平面 $\phi = c$ 的交线。则曲线 C 若发生了演变,即可将其看作是由函数 $\phi(x, y)$ 发生了相应的演变而引起的。因此,封闭曲线 C 随时间 t 的演变,可以通过二维函数 $\phi(x,y)$ 水平集随时间 t 的演变来进行描述,即

$$C(t) := \{(x,y), \phi(x,y,t) = c\} \tag{2.5}$$

将其看作随时间 t 演变的三维曲面簇 $\phi = \phi(x,y,t)$ 与平面 $\phi = c$ 相交得到的水平(线)集。封闭曲线 $C(t)$ 按照上节所介绍的式(2.4)演化时,相应的三维曲面簇 $\phi(x,y,t)$ 也发生着演化,即

$$\frac{d\phi}{dt} = \frac{\partial \phi}{\partial t} + \frac{\partial \phi}{\partial(x,y)} \cdot \frac{\partial(x,y)}{\partial t} = \frac{\partial \phi}{\partial t} + \nabla\phi \cdot \frac{\partial(x,y)}{\partial t} = 0 \tag{2.6}$$

其中, $\dfrac{\partial(x,y)}{\partial t} = \dfrac{\partial C}{\partial t} = V$,于是

$$\frac{\partial \phi}{\partial t} = -\nabla\phi \cdot V = -\mid \nabla\phi \mid \frac{\nabla\phi}{\mid \nabla\phi \mid} \cdot V = \mid \nabla\phi \mid N \cdot V = \beta \mid \nabla\phi \mid \tag{2.7}$$

式(2.7)就称为曲线演化水平集方法的基本方程式。

函数 $\phi(x,y)$ 的选取往往不是唯一的,不过较常采用的是令 $\phi(x,y)$ 表示平面上 (x,y) 到曲线 C 的带有符号的距离(Signed Distance),即

$$\phi(x,y) = \begin{cases} d[(x,y),C], & (x,y) \text{ outside } C \\ -d[(x,y),C], & (x,y) \text{ inside } C \end{cases} \tag{2.8}$$

其中,$d[(x,y),C]$ 表示 (x,y) 与曲线 C 之间的 Euclidean 函数。由于符号距离函数(Signed Distance Function)具有 $\mid \nabla\phi \mid \equiv 1$ 的特性,这就表明了 $\phi(x,y)$ 的演化率处处是均匀的,没有特别陡峭的坡地,也不存在平原,这样就对保持数值计算的稳定性起到了良好的作用。

水平集方法的优点如图 2.2 所示。

3. 变分法

变分法是 17 世纪末发展起来的一门数学分支,其最终目的是寻求"能量"泛函的极值(极大值或极小值)。变分法将寻求"能量"泛函的极值问题转化为求解偏微分方程解的问题,其关键定理是欧拉 – 拉格朗日方程(Euler – Lagrange Equation),通过对利用变分法推导出的 Euler – Lagrange 方程的解的求取,从而得到图像的目标边缘轮廓。变分法在偏微分方程的图像分割中是一种十分行之有效的数学方法。

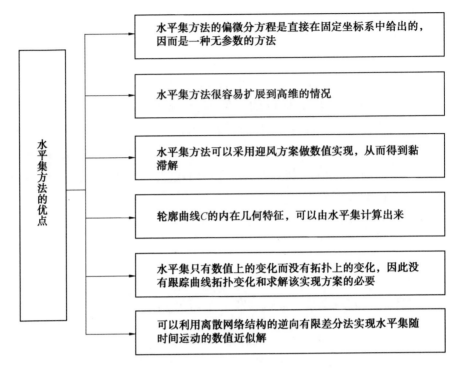

图 2.2　水平集方法的优点

考虑最简单的一维情况下的"能量"泛函极值问题,其表达形式如下:

$$E(u) = \int_{x_0}^{x_1} F(x, u, u_x) \, \mathrm{d}x \tag{2.9}$$

其中,$u(x_0) = a, u(x_1) = b$ 为函数 $u(x)$ 的端点固定条件。对函数 $E(u)$ 求解极值问题可转化为求解变分 $\partial E / \partial u = 0$ 的偏微分方程的问题,为此对函数 $u(x)$ 做最优微扰,即得 $u(x) + v(x)$,当 $v(x)$、$v'(x)$ 足够小时,对其进行 Taylor 展开有

$$F(x, u+v, u'+v') = F(x, u, u') + \frac{\partial F}{\partial u}v + \frac{\partial F}{\partial u'}v' + \cdots \tag{2.10}$$

进而

$$E(u+v) = E(u) + \int_{x_0}^{x_1} \left(v \frac{\partial F}{\partial u} + v' \frac{\partial F}{\partial u'} \right) \mathrm{d}x \tag{2.11}$$

由上述的端点固定条件:

$$u(x_0) + v(x_0) = a, \quad u(x_1) + v(x_1) = b$$

可知 $v(x_0) = 0, v(x_1) = 0$,根据部分积分法有

$$\int_{x_0}^{x_1} v' \frac{\partial F}{\partial u'} \mathrm{d}x = \int_{x_0}^{x_1} \frac{\partial F}{\partial u'} \mathrm{d}v = v \frac{\partial F}{\partial u'} \Big|_{x_0}^{x_1} - \int_{x_0}^{x_1} v \frac{\mathrm{d}}{\mathrm{d}x}\left(\frac{\partial F}{\partial u'}\right) \mathrm{d}x =$$

$$- \int_{x_0}^{x_1} v \frac{\mathrm{d}}{\mathrm{d}x}\left(\frac{\partial F}{\partial u'}\right) \mathrm{d}x \tag{2.12}$$

将式(2.12)代入式(2.11)有

$$E(u + v) = E(u) + \int_{x_0}^{x_1} \left[v \frac{\partial F}{\partial u} - \int_{x_0}^{x_1} v \frac{\mathrm{d}}{\mathrm{d}x}\left(\frac{\partial F}{\partial u'}\right) \right] \mathrm{d}x \tag{2.13}$$

由此可知,当函数 $E(u)$ 达到极值时,对函数 $u(x)$ 做任意最优微扰 $v(x)$,E 的值都不会改变,因此有

$$\frac{\partial F}{\partial u} - \frac{\mathrm{d}}{\mathrm{d}x}\left(\frac{\partial F}{\partial u'}\right) = 0 \tag{2.14}$$

称式(2.14)为变分问题式(2.9)的 Euler – Lagrange 方程。

推广到二维情况:

$$E(u) = \iint_{\Omega} F(x, y, u, u_x, u_y) \mathrm{d}x\mathrm{d}y \tag{2.15}$$

采用上述类似的推导过程得到相应的 Euler – Lagrange 方程为

$$\frac{\partial F}{\partial t} - \frac{\mathrm{d}}{\mathrm{d}x}\left(\frac{\partial F}{\partial u_x}\right) - \frac{\mathrm{d}}{\mathrm{d}y}\left(\frac{\partial F}{\partial u_y}\right) = 0 \tag{2.16}$$

多数情况下,Euler – Lagrange 方程是一种非线性偏微分方程,对其进行离散化处理后即可得到非线性联立代数方程组,对这些方程组进行数值求解比较困难,因而引入了梯度下降流(Gradient Descent Flow)方法,实现变分 Euler – Lagrange 方程的求解问题。其基本思想是,引入时间 t 辅助变量,把求解静态非线性偏微分方程的问题转变为一个求取动态偏微分方程的问题,当演化达到平稳状态时,即可实现解的求取。

以一维变分来说明,令式(2.13)中的微扰项 $v(\cdot)$ 是由 $u(\cdot, t)$ 从 t 到 $t + \Delta t$ 所产生的改变,因此式(2.13)可改写为

$$E(\cdot, t + \Delta t) = E(\cdot, t) + \Delta t \int_{x_0}^{x_1} \frac{\partial u}{\partial t}\left[\frac{\partial F}{\partial u} - \frac{\mathrm{d}}{\mathrm{d}x}\left(\frac{\partial F}{\partial u'}\right)\right] \mathrm{d}x \tag{2.17}$$

于是只要令

$$\frac{\partial u}{\partial t} = -\left[\frac{\partial F}{\partial u} - \frac{\mathrm{d}}{\mathrm{d}x}\left(\frac{\partial F}{\partial u'}\right)\right] = \frac{\mathrm{d}}{\mathrm{d}x}\left(\frac{\partial F}{\partial u'}\right) - \frac{\partial F}{\partial u} \tag{2.18}$$

便可使 $E(u(\,\cdot\,,t))$ 不断变小,因为这时

$$\Delta E = E(\,\cdot\,,t + \Delta t) - E(\,\cdot\,,t) = -\,\Delta t \int \left[\frac{\partial F}{\partial t} - \frac{\mathrm{d}}{\mathrm{d}x}\left(\frac{\partial F}{\partial u'}\right) \right]^2 \mathrm{d}x \leqslant 0$$

因此称式(2.18)为变分问题式(2.9)所对应的梯度下降流。

相应的二维变分,进行上述类似的推导,即可得到梯度下降流为

$$\frac{\partial u}{\partial t} = \frac{\mathrm{d}}{\mathrm{d}x}\left(\frac{\partial F}{\partial u_x}\right) + \frac{\mathrm{d}}{\mathrm{d}y}\left(\frac{\partial F}{\partial u_y}\right) - \frac{\partial F}{\partial u} \tag{2.19}$$

在将曲线演化问题应用于图像处理问题时,曲线运动方程多来自于最小化闭合曲线 C 的"能量"泛函,采用 2.2.1 节中所介绍的水平集方法,可得到的嵌入函数的偏微分方程,得到的方程多为 Hamilton – Jacobi 方程,求解困难,针对这类问题,1996 年 Zhao 和 Chan 等人提出了变分水平集方法。变分水平集方法与水平集方法在数学上有本质的差别,且变分水平集方法的稳定性较高,因此在数值实现的过程中,选取的时间步长可较大。变分水平集方法的基本思想是,首先构建一个"能量"泛函,然后利用水平集函数对该模型的内、外进行表达,最后利用变分法最小化该模型,从而得到便于计算的偏微分方程。

采用变分水平集方法时的首要步骤是引入一个 Heaviside 函数,其表达形式如下:

$$H(z) = \begin{cases} 1, & z \geqslant 0 \\ 0, & z \leqslant 0 \end{cases} \tag{2.20}$$

该函数可以改写曲线环路的数值形态。为了实现实际计算的偏微分方程,需要对此 Heaviside 函数进行正则化处理,则该函数经过正则化处理后的表现形式为

$$H_\varepsilon^{(1)}(z) := \begin{cases} 1, & z > \varepsilon \\ 0, & z < \varepsilon \\ \frac{1}{2}\left(1 + \frac{z}{\varepsilon} + \frac{1}{\pi}\sin\frac{\pi z}{\varepsilon}\right), & \text{其他} \end{cases} \tag{2.21}$$

$$H_\varepsilon^{(2)}(z) := \frac{1}{2}\left(1 + \frac{2}{\pi}\arctan\frac{z}{\varepsilon}\right) \tag{2.22}$$

其中,参数 ε 可以用于控制 Heaviside 函数从 0 上升到 1 的速度快慢。正则化 Heaviside 函数的图形如图 2.3 所示。

需要说明的是,并不是所有的曲面或曲线的演化问题都能通过最小化"能量"泛函进行求解,因此,在这种情况下就需要利用水平集方法来实现,水平集方法与变分水平集方法相比,其具有的适用面更为广泛。

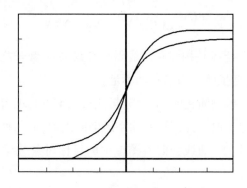

图 2.3　正则化 Heaviside 函数

对图像处理采用变分法进行处理的优点如图 2.4 所示。

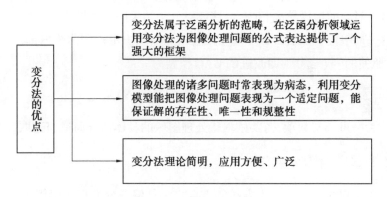

图 2.4　变分法的优点

2.1.2　测地线活动轮廓模型

1987 年 Kass 等人提出了"蛇"（Snake）或活动轮廓（Active Contour）模型的概念，几何活动轮廓模型是活动轮廓模型中的一种，测地线活动轮廓模型（Geodesic Active Contour，GAC）是基于边界的几何活动轮廓模型。GAC 模型的提出为偏微分方程的图像分割的应用开拓了更为广阔的前景。1997 年 Caselles 等人给出了 GAC 模型的活动轮廓：

$$L_R(C) = \int_0^{L(C)} g(|\nabla I[C(s)]|)\mathrm{d}s \qquad (2.23)$$

其中，$L_R(C)$ 表示曲线 C 的"加权弧长"。最小化式（2.23）得到的梯度下降流为

$$\frac{\partial C}{\partial t} = g(C)kN - (\nabla g \cdot N)N \tag{2.24}$$

GAC 的"能量"泛函是构建在曲线固有参数 —— 弧长之上的,这样就消除了经典活动轮廓模型依赖自由参数的不足。

曲线按照 GAC 模型演化时,通过分析式(2.24)可知,其将受到两种"力"的驱使,一种是来源于曲线几何形变曲率运动的内力;另一种是梯度∇g引起的外力。在外力的作用下,曲线会向着图像中的目标对象边缘逐渐逼近,进而最终稳定于边缘之上。

然而 GAC 模型存在着一定的局限性,如果图像中目标对象的边缘处存在凹陷,则曲线在按照 GAC 演化时会停止在某一"能量"泛函的极小值形态,无法与目标对象的边缘轮廓相吻合,这就对分割结果的准确性产生了影响。为了克服这一局限性,在式(2.24)的基础上增加一项恒定指向曲线内部,且受$g(|\nabla I|)$驱使的"收缩力",即改进的 GAC 模型为

$$\frac{\partial C}{\partial t} = g(c + k)N - (\nabla g \cdot N)N \tag{2.25}$$

其中,c为一可选常数项,需要依据待处理图像的具体情况而适当选取。

2.1.3 有限差分法

图像分割的偏微分方程方法的难点之一是偏微分方程的解析求解。常用的数值方法有 3 种,即谱法、有限元法及有限差分法。其中最常用的方法是有限差分法,这主要是因为待处理的图像往往是以二维空间的形式进行表达的,对其进行等间隔采样,便可得到离散化的数字图像。有限差分法的基本原理是,函数对变量的偏导数通过采用相距有限距离的两邻点的函数值的差与两点间距离的比值来做近似的表达。

以一阶偏导数为例,其有限差分的表现形式如下:

$$\begin{cases} \left.\dfrac{\partial u}{\partial x}\right|_i^n \approx \dfrac{u_{i+1}^n - u_i^n}{\Delta x} := D_x^{(+)} u\Big|_i^n, & \text{向前差分} \\[2mm] \left.\dfrac{\partial u}{\partial x}\right|_i^n \approx \dfrac{u_i^n - u_{i-1}^n}{\Delta x} := D_x^{(-)} u\Big|_i^n, & \text{向后差分} \\[2mm] \left.\dfrac{\partial u}{\partial x}\right|_i^n \approx \dfrac{u_{i+1}^n - u_{i-1}^n}{\Delta x} := D_x^{(0)} u\Big|_i^n, & \text{中心差分} \end{cases} \tag{2.26}$$

由上式可知,向前和向后差分均是一阶精度,而中心差分则是二阶精度。当偏

微分方程存在二阶偏导数时,也可以利用有限差分法做类似的表达,可以通过先求取两个"半点"(Half - point)处的一阶偏导数中心差分,即

$$\left[\frac{\partial u}{\partial x}\right]^n_{i+\frac{1}{2}} \approx \frac{u^n_{i+1} - u^n_i}{\Delta x}, \quad \left[\frac{\partial u}{\partial x}\right]^n_{i-\frac{1}{2}} \approx \frac{u^n_i - u^n_{i-1}}{\Delta x} \quad (2.27)$$

再对其做一次中心差分,得

$$\left[\frac{\partial^2 u}{\partial x^2}\right]^n_i \approx \left[\frac{\partial u}{\partial x}\right]^n_{i+\frac{1}{2}} - \left[\frac{\partial u}{\partial x}\right]^n_{i-\frac{1}{2}} / \Delta x = \frac{u^n_{i+1} - 2u^n_i - u^n_{i-1}}{(\Delta x)^2} := D^{(0)}_{xx} u \Big|^n_i$$

$$(2.28)$$

推广到二维空间,也可采用半点的偏导数中心差分来得到二阶偏导数 $\frac{\partial^2 u}{\partial x \partial y}$ 的近似:

$$\left[\frac{\partial^2 u}{\partial x \partial y}\right]^n_{i,j} = \left[\left(\frac{\partial u}{\partial y}\right)_{i,j+\frac{1}{2}} - \left(\frac{\partial u}{\partial y}\right)_{i,j-\frac{1}{2}}\right] / \Delta x \approx$$

$$\left(\frac{u_{i+1,j+\frac{1}{2}} - u_{i-1,j+\frac{1}{2}}}{2\Delta y} - \frac{u_{i+1,j-\frac{1}{2}} - u_{i-1,j-\frac{1}{2}}}{2\Delta y}\right) / \Delta x \quad (2.29)$$

其中各"半点"的函数值可近似为

$$u_{i\pm1,j+\frac{1}{2}} \approx \frac{1}{2}(u_{i\pm1,j+1} + u_{i\pm1,j}), \quad u_{i\pm1,j-\frac{1}{2}} \approx \frac{1}{2}(u_{i\pm1,j-1} + u_{i\pm1,j}) \quad (2.30)$$

进而可得

$$\left[\frac{\partial^2 u}{\partial x \partial y}\right]^n_{i,j} \approx \frac{u^n_{i+1,j+1} + u^n_{i-1,j-1} - u^n_{i+1,j-1} - u^n_{i-1,j+1}}{4\Delta x \Delta y} \quad (2.31)$$

2.2　红松籽数字图像的采集

2.2.1　实验材料

生的红松籽样品由黑龙江省伊春市凉水国家级自然保护区提供,实验前按照松子储藏标准,将全部红松籽样品保存于相对湿度50% ~ 60%、温度 - 1 ~ 2 ℃之间条件下。对 1 196 个红松籽样品依次进行编号,并完成图像数据的采集,随机选取出 182 张红松籽样品图像进入校正集,用以实现模型的构建。

2.2.2　实验设备

红松籽图像采集的硬件系统装置如图 2.5 所示,原理图如图 2.6 所示。其

中,相机为丹麦 JAI 公司的 AT – 200CL 3CCD 彩色相机(其有效像素为:1 628(H)×1 236(V),帧频为:20 fps,像源尺寸为:4.4 μm×4.4 μm),镜头为日本 Computar 公司的 M2514 – MP2 镜头(其焦距为:25 mm,变形率为:–0.1%,光圈范围为:F1.4 ~ F16),图像采集卡为 X64 – Xcelera – CL PX4 Dual(其最大像素时钟为:85 MHz,像素位数为:8、10、12、14、16,帧存为:128 MB),光源为 LED,其具有功耗低、便于控制、机械强度大、体积小等特点,计算机为中国联想 H3050 台式电脑。

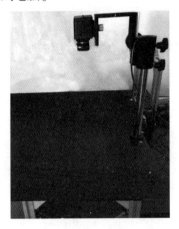

图 2.5　红松籽图像采集系统装置

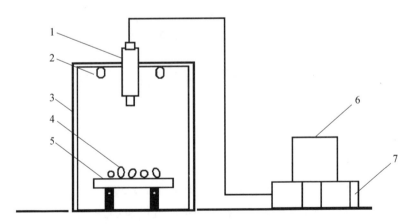

图 2.6　红松籽图像采集系统原理图

1— 电荷耦合元件相机;2— 光源;3— 遮光罩;4— 红松籽;

5— 载物台;6— 计算机;7— 采集卡

遮光罩内壁表有一层反光热贴膜,在获取单个红松籽图像时,载物台背景为暗灰色绒布,之所以采用暗灰色绒布,是为了与实际载物台的颜色更为接近,更便于将此方法在加工检测设备上进行实际的应用;在获取多个红松籽图像时,载物台背景为浅灰色绒布,之所以采用浅灰色绒布是为了更好地区分背景与目标,以便更快速地实现轮廓的获取。

2.3　红松籽实际果长、最大脱蒲横径的获取

利用中国哈量公司的 601 – 02 – 150 * 0.02 标准游标卡尺(其读数值为:0.02 mm),多次反复测量获取红松籽样品的实际果长、最大脱蒲横径,并最终计算平均值作为各红松籽的实际果长、最大脱蒲横径值。则本书选取的红松籽样品的果长、最大脱蒲横径统计结果如图 2.7、图 2.8 所示。

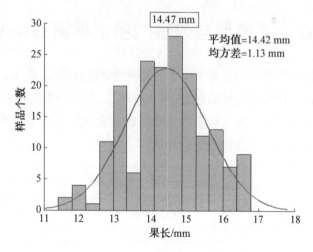

图 2.7　红松籽果长统计结果

由图 2.7、图 2.8 可知,红松籽样品的果长分布在 11.5 ~ 17 mm 之间、最大脱蒲横径分布在 6.5 ~ 11 mm 之间,差异较广,能够较全面地代表红松籽的果长、最大脱蒲横径信息。红松籽果长平均值为 14.42 mm,均方差为 1.13 mm,图 2.7 中 14.47 mm 为中位数;最大脱蒲横径平均值为 9.10 mm,均方差为 0.76 mm,图 2.8 中 9.06 mm 为中位数。红松籽样品的果长、最大脱蒲横径分布情况均具有一定的正态分布特性,表明了实验中选取的红松籽样品的合理性。

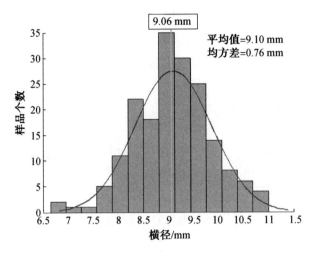

图 2.8　红松籽最大脱蒲横径统计结果

2.4　C－V模型与改进的多水平集C－V模型

测地线活动轮廓模型是基于边缘的几何活动轮廓模型,在2.2.2节中已经对该模型进行了详细的分析描述,这种水平集活动轮廓模型的特征是,图像目标的分割是通过目标边界所形成的边缘轮廓来实现的。基于边缘的几何活动轮廓模型存在的不足之处如图2.9所示。

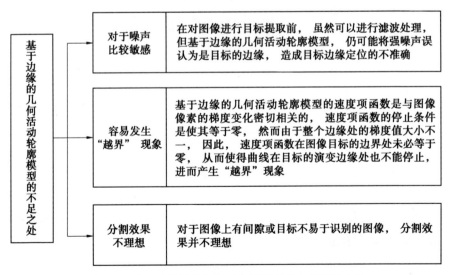

图 2.9　基于边缘的几何活动轮廓模型存在的不足之处

基于在上述分析的基于边缘的几何活动轮廓模型在实际分割目标上的局限性,2001 年 Chan 和 Vese 提出了基于水平集思想和 Mumford – Shah 模型的无边缘活动轮廓(Active Contour Without Edges) 模型,即 C – V 模型。C – V 模型的优点之处在于,该模型不依赖于图像的梯度信息,而是通过对目标区域的检测来实现图像的分割, 此外该模型由于是基于水平集方法的, 进而使得 Mumford – Shah 模型的图像分割算法得到了化简,对于 Mumford – Shah 模型在图像处理上的应用与推广起到了极大的推动作用。

2.4.1　C – V 模型

在红松籽灰度图像中,可以利用红松籽目标与背景的平均灰度值的明显不同来实现红松籽目标的分割,这就是 C – V 模型实现目标轮廓提取的理论基础。C – V 模型的基本原理是,寻找到一条封闭曲线 C 使得图像被分割为两个不同的部分,即外部区域 Ω_2 与内部区域 Ω_1,并且恰好使得内部区域 Ω_1 和外部区域 Ω_2 的平均灰度可以表征背景与目标的灰度平均值的差异,则这条封闭曲线 C 就可以认为是红松籽目标对象的边缘轮廓,即实现了红松籽目标的提取。C – V 模型的“能量”泛函如下式:

$$E(c_1,c_2,C) = \mu \text{Length}(C) + \nu \text{Area}(\text{inside}(C)) + \lambda_1 \iint\limits_{\Omega_1} (I - c_1)^2 \mathrm{d}x\mathrm{d}y +$$

$$\lambda_2 \iint\limits_{\Omega_2} (I - c_2)^2 \mathrm{d}x\mathrm{d}y \tag{2.32}$$

其中,标量 c_1 和 c_2,以及曲线 C 是该“能量”泛函的3个宗量;$I(x,y)$ 表示输入图像;$\mu \text{Length}(C)$ 表示曲线 C 的全弧长;$\nu \text{Area}(\text{inside}(C))$ 表示曲线 C 内部涵盖的全部面积;$\lambda_1 \iint\limits_{\Omega_1} (I - c_1)^2 \mathrm{d}x\mathrm{d}y$ 表示内部区域的灰度值与标量 c_1 的平方误差;$\lambda_2 \iint\limits_{\Omega_2} (I - c_2)^2 \mathrm{d}x\mathrm{d}y$ 表示外部区域的灰度值与标量 c_2 的平方误差。在实验中,通常取 $\lambda_1 = \lambda_2 = 1,\nu = 0$ 的简化模型,以方便计算。这样 C – V 模型的“能量”泛函就只与封闭曲线 C 的弧长以及内、外部区域的能量大小有关了,这一简化模型保证了封闭曲线在演化过程中所分割的图像的不同部位的灰度信息是不同的,即相同灰度的信息被划分在同一个区域,进而使得封闭曲线 C 的内、外部的平均灰度值不同,实现了目标的轮廓提取。

采用2.2.1中介绍的变分水平集方法,将式(2.32)修改为关于嵌入式函数

$u(x,y)$ 的泛函。将 Heaviside 函数引入到式(2.32) 中,即

$$E(c_1,c_2,u) = \mu \iint_\Omega \delta(u) \mid \nabla u \mid dxdy + \lambda_1 \iint_\Omega (I - c_1)^2 H(u)dxdy +$$

$$\lambda_2 \iint_\Omega (I - c_2)^2 [1 - H(u)]dxdy \qquad (2.33)$$

在固定函数 u 的情况下,采用本章 2.2.1 节中介绍的变分法,相对 c_1 和 c_2 最小化式(2.33),得

$$c_i = \frac{\iint_\Omega Idxdy}{\iint_\Omega dxdy}, \quad i = 1,2 \qquad (2.34)$$

即 c_1 和 c_2 分别表示输入图像 $I(x,y)$ 在 Ω_1 (当前封闭曲线的内部) 和 Ω_2 (当前封闭曲线的外部) 的平均值。

在 c_1 和 c_2 固定的条件下,采用本章 2.2.1 节中介绍的变分法,相对于 u 最小化式(2.33),并根据 2.2.1 节中介绍的梯度下降流方法,引入时间 t 辅助变量,得

$$\frac{\partial u}{\partial t} = \delta_\varepsilon \left[\mu \mathrm{div} \left(\frac{\nabla u}{\mid \nabla u \mid} \right) - \lambda_1 (I - c_1)^2 + \lambda_2 (I - c_2)^2 \right] \qquad (2.35)$$

为了实现式(2.35) 的数值求解,对其进行正则化处理,则可得

$$\delta_\varepsilon(z) = \frac{\varepsilon}{\pi(\varepsilon^2 + z^2)}, \quad c_1 = \frac{\sum_{i,j} H_\varepsilon(u_{ij}^n)I_{ij}}{\sum_{i,j} H_\varepsilon(u_{ij}^n)}, \quad c_2 = \frac{\sum_{i,j} (1 - H_\varepsilon(u_{ij}^n)I_{ij})}{\sum_{i,j} (1 - H_\varepsilon(u_{ij}^n))}$$

需要说明的是,正则化 Heaviside 函数为

$$H_\varepsilon^{(2)}(z) = \frac{1}{2} \left(1 + \frac{2}{\pi} \arctan \frac{z}{\varepsilon} \right) \qquad (2.36)$$

其中,参数 $\varepsilon = 0.1$。

通过式(2.34)、式(2.35) 的联立,采用 2.2.3 节中介绍的有限差分法,实现稳态解的求取。

C – V 模型能够在无外界干扰下自动实现物体内部边缘的检测,并且初始封闭曲线的选择比较自由。由于 C – V 模型是通过分析图像同质区域的全局信息,实现目标的提取的,因此 C – V 模型能够为图像分割提供一个全局的准则,与基于边缘的分割模型相比较,该模型具有更好的鲁棒性。

2.4.2　改进的 C – V 模型

传统的 C – V 模型方法，将初始化嵌入函数 $u_0(x,y)$ 定义为关于封闭曲线 C 的符号距离函数，在封闭曲线的演化过程中，经过少量的迭代，嵌入函数 $u(x, y)$ 就会背离符号距离函数。符号距离函数可以保证数值求解的稳定性，为了保证嵌入函数始终为符号距离函数，就需要对水平集进行重新初始化（Re – initialization）运算。然而，水平集函数的重新初始化的工作量大，计算步骤十分复杂，实际实现起来存在较大的难度。因此，本章中从符号距离函数的自身性质出发，通过增加一项关于嵌入函数 u 的"能量"控制项，用以控制水平集函数近似表达为符号距离函数，从而消除了曲线在演化过程中，需要对水平集进行重新初始化的额外工作，进而使得分割效率大大提升了。该"能量"项的表达式如下：

$$E_2(u) = \iint_\Omega \frac{1}{2} (|\nabla u| - 1)^2 \mathrm{d}x\mathrm{d}y \tag{2.37}$$

此外，考虑到 C – V 模型采用差分形式的迭代方式，因而受到速度慢、步长短等因素的影响，使得分割效率有所下降。因此，在待处理的图像 I 中引入一个速度常数项 i，以实现曲线迭代速率的提高。则 C – V 模型的"能量"泛函改写为

$$E_1(c_1, c_2, u) = \mu \iint_\Omega \delta(u) |\nabla u| \mathrm{d}x\mathrm{d}y + \lambda_1 \iint_\Omega (I(1+i) - c_1)^2 H(u)\mathrm{d}x\mathrm{d}y +$$
$$\lambda_2 \iint_\Omega (I(1+i) - c_2)^2 [1 - H(u)]\mathrm{d}x\mathrm{d}y \tag{2.38}$$

综上所述，改进的 C – V 模型的"能量"泛函为

$$E(c_1, c_2, u) = E_1(c_1, c_2, u) + E_2(u) \tag{2.39}$$

改进的 C – V 模型的优点有：① 完全避免了重新初始化的问题。由于新增加了一项"能量"控制项 $E_2(u)$，因此嵌入函数始终为近似的符号距离函数，这是传统的变分水平集方法无法做到的。② 该方法使初始化嵌入函数 $u_0(x,y)$ 的工作大大简化。由于改进的 C – V 模型不需要考虑重新初始化水平集函数的问题，因此计算过程大大简化。

分别采用 C – V 模型和改进 C – V 模型对单个红松籽样品进行轮廓提取，并将轮廓结果叠加到原始灰度图像上，便于观察提取到的红松籽轮廓的准确性，则对比结果如图 2.10 所示。

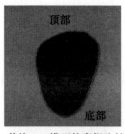  

(a) 传统C–V模型轮廓提取结果　(b) 传统C–V模型轮廓提取结果　(c) 传统C–V模型轮廓提取结果

(d) 改进C–V模型轮廓提取结果　(e) 改进C–V模型轮廓提取结果　(f) 改进C–V模型轮廓提取结果

图 2.10　单个红松籽轮廓提取对比图像

图 2.10(a)、图 2.10(b)、图 2.10(c) 均为采用传统 C–V 模型获得的单个红松籽对象的轮廓,其中,曲线迭代次数分别为 60 次、70 次、70 次,运行时间分别为 0.921 9 s、1.031 3 s、1 s;图 2.10(d)、图 2.10(e)、图 2.10(f) 均为采用改进 C–V 模型获得的单个红松籽对象的轮廓,其中,曲线迭代次数分别为 20 次、50 次、35 次,运行时间分别为 0.703 7 s、0.837 5 s、0.790 6 s,与传统 C–V 模型相比迭代次数分别减少了 66.67%、28.57%、50%,运行时间分别减少了23.67%、18.79%、20.94%,接近红松籽轮廓边缘更快。通过对比结果图像可知,图 2.10(a) 获得的红松籽对象轮廓提取结果的顶部明显存在一个在原始图像中不存在的突起部分,图 2.10(a) 底部、图 2.10(b) 顶部、图 2.10(c) 右部的轮廓提取结果均没有完全接近红松籽对象的轮廓边缘,即提取到的红松籽对象的轮廓结果不完整;而采用改进 C–V 模型获得的轮廓提取结果则比较准确地接近红松籽轮廓的边缘,且轮廓曲线更为平滑,较好地实现了红松籽对象轮廓信息的提取。

2.4.3　多水平集 C–V 模型及改进的多水平集 C–V 模型

由上述的介绍可知,C–V 模型通过一条封闭曲线 C 能够很好地实现两相位的数字图像的目标分割,即根据图像的两个非同质区域 Ω_1 和 Ω_2,将图像分割

为 c_1 和 c_2 两个部分。但如果图像内容较为丰富，并且存在较为复杂的拓扑结构，如图像中存在多个物体或多交叉点时，C – V 模型的"能量"泛函往往无法实现某些目标区域的正确划分，用二相位 C – V 模型无法实现预期的分割结果。为此 2002 年 Chan 和 Vese 提出了一种基于简化的 M – S 模型的多相水平集的图像分割方法，该方法能够很好地实现多相位分割。多水平集 C – V 模型的基本原理是，通过利用 M 个水平集函数 $\phi = \{\phi_1, \cdots, \phi_m\}$，实现图像 2^m 个子区域的划分。该方法避免了在对多目标进行分割时会出现重叠、空洞等不理想结果的不足，同时也降低了算法的复杂程度。图 2.11 给出了 2 个水平集函数 2^2 相分割的形式。

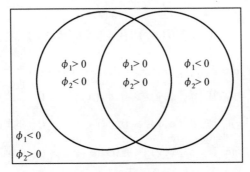

图 2.11　2 个水平集函数 2^2 相分割

多水平集 C – V 模型的"能量"泛函如下式所示：

$$E(c_1, c_2, \cdots, c_K, C_1, C_2, \cdots, C_n) = \mu \sum_{i=1}^{n} \oint_{C_i} \mathrm{d}s + \lambda \sum_{i=1}^{n} \iint_{\text{inside}(C_i)} (I - c_a)^2 \mathrm{d}x\mathrm{d}y +$$

$$\nu \sum_{i=1}^{n} \iint_{\text{outside}(C_i)} (I - c_b)^2 \mathrm{d}x\mathrm{d}y \qquad (2.40)$$

其中，$\mu > 0, \lambda > 0, \nu > 0$ 为常数项；K 表示要分割的区域个数；n 表示封闭曲线，即水平集个数，且 $K \leqslant 2^n$；c_a 表示封闭曲线 $C_i(1 \leqslant i \leqslant n)$ 区域内的灰度平均值；c_b 表示全部封闭曲线 $C_i(1 \leqslant i \leqslant n)$ 区域之外的灰度平均值；$\mu \sum_{i=1}^{n} \oint_{C_i} \mathrm{d}s$ 表示封闭曲线

$C_i(1 \leqslant i \leqslant n)$ 的全弧长之和；$\lambda \sum_{i=1}^{n} \iint_{\text{inside}(C_i)} (I - c_a)^2 \mathrm{d}x\mathrm{d}y$ 和 $\nu \sum_{i=1}^{n} \iint_{\text{outside}(C_i)} (I -$

$c_b)^2 \mathrm{d}x\mathrm{d}y$ 为保真系数项，当它们的能量和达到最小时，则全部封闭曲线停止演化。需要说明的是，由于各个水平集间不存在从属关系，所以在实际演化过程中会存在多个水平集收敛于同一目标的情况，这就使得分割效率会有所下降。

以 4 个水平集的 C – V 模型为例,说明多水平集 C – V 模型的数值实现方法,定义其"能量"泛函为

$$E_4(c,\phi) = \int_\Omega (u_0 - c_{11})^2 H(\phi_1) H(\phi_2) \mathrm{d}x\mathrm{d}y +$$

$$\int_\Omega (u_0 - c_{10})^2 H(\phi_1)(1 - H(\phi_2)) \mathrm{d}x\mathrm{d}y +$$

$$\int_\Omega (u_0 - c_{01})^2 (1 - H(\phi_1)) H(\phi_2) \mathrm{d}x\mathrm{d}y +$$

$$\int_\Omega (u_0 - c_{00})^2 (1 - H(\phi_1))(1 - H(\phi_2)) \mathrm{d}x\mathrm{d}y +$$

$$\nu \left(\int_\Omega | \nabla H(\phi_1) | + \int_\Omega | \nabla H(\phi_2) | \right) \qquad (2.41)$$

其中,$\phi = (\phi_1, \phi_2)$,$c = (c_{11}, c_{10}, c_{01}, c_{00})$ 表示 4 个区域的灰度平均值,即

$$\begin{cases} c_{11} = u_0 \ 在 \{\phi_1(x,y) > 0, \phi_2(x,y) > 0\} \ 的均值 \\ c_{10} = u_0 \ 在 \{\phi_1(x,y) > 0, \phi_2(x,y) < 0\} \ 的均值 \\ c_{01} = u_0 \ 在 \{\phi_1(x,y) < 0, \phi_2(x,y) > 0\} \ 的均值 \\ c_{00} = u_0 \ 在 \{\phi_1(x,y) < 0, \phi_2(x,y) < 0\} \ 的均值 \end{cases} \qquad (2.42)$$

采用本章 2.2.1 节中介绍的变分水平集方法,在式(2.41) 中引入正则化的 Heaviside 函数 $H(z)$,将其修改修改为关于嵌入式函数 $u(x,y)$ 的泛函,即

$$E(c_{11}, c_{10}, c_{01}, c_{00}, u_1, u_2) = \mu \iint_\Omega (| \nabla H_\varepsilon(u_1) | + | \nabla H_\varepsilon(u_2) |) \mathrm{d}x\mathrm{d}y +$$

$$\lambda \iint_\Omega (I - c_{11})^2 H_\varepsilon(u_1) H_\varepsilon(u_2) \mathrm{d}x\mathrm{d}y +$$

$$\lambda \iint_\Omega (I - c_{10})^2 H_\varepsilon(u_1)(1 - H_\varepsilon(u_2)) \mathrm{d}x\mathrm{d}y +$$

$$\lambda \iint_\Omega (I - c_{01})^2 (1 - H_\varepsilon(u_1)) H_\varepsilon(u_2) \mathrm{d}x\mathrm{d}y +$$

$$\nu \iint_\Omega (I - c_{00})^2 (1 - H_\varepsilon(u_1))(1 - H_\varepsilon(u_2)) \mathrm{d}x\mathrm{d}y$$

$$(2.43)$$

在 $c_{11}, c_{10}, c_{01}, c_{00}$ 固定的情况下，采用本章 2.2.1 节中介绍的变分法，式 (2.43) 相对 $u_1(x, y), u_2(x, y)$ 进行最小化处理，可得

$$
\begin{cases}
\dfrac{\partial u_1}{\partial t} = \delta_\varepsilon(u_1) \left\{ \mu \,\mathrm{div}\, \dfrac{\nabla u}{|\nabla u|} - \lambda \left[\left((I - c_{11})^2 - (I - c_{01})^2 \right) H(u_2) \right] + \right. \\
\qquad\qquad \left. \nu \left[(I - c_{10})^2 - (I - c_{00})^2 (1 - H(u_2)) \right] \right\} \\[2mm]
\dfrac{\partial u_2}{\partial t} = \delta_\varepsilon(u_2) \left\{ \mu \,\mathrm{div}\, \dfrac{\nabla u}{|\nabla u|} - \lambda \left[\left((I - c_{11})^2 - (I - c_{01})^2 \right) H(u_1) \right] + \right. \\
\qquad\qquad \left. \nu \left[(I - c_{10})^2 - (I - c_{00})^2 (1 - H(u_1)) \right] \right\}
\end{cases}
$$

$$(2.44)$$

在函数 $u_1(x, y), u_2(x, y)$ 固定的情况下，$c = (c_{11}, c_{10}, c_{01}, c_{00})$ 4 个区域的灰度平均值稳定最优解为

$$
\begin{aligned}
c = {} & c_{11} H_\varepsilon(u_1) H_\varepsilon(u_2) + c_{10} H_\varepsilon(u_1)(1 - H_\varepsilon(u_2)) + \\
& c_{01}(1 - H_\varepsilon(u_1)) H_\varepsilon(u_2) + \\
& c_{00}(1 - H_\varepsilon(u_1))(1 - H_\varepsilon(u_2))
\end{aligned}
\tag{2.45}
$$

通过式 (2.44)、式 (2.45) 的联立，采用 2.2.3 节中介绍的有限差分法求解稳态解，即可得到分割结果。多水平集 C - V 模型方法可以利用多个初始封闭曲线进行演化，进而提取到每个独立目标的边缘轮廓。

根据上一节的介绍，采用同样的方法，将多水平集 C - V 模型进行改进，则在引入速度常数项 i 后，模型修改为

$$
E_1(c_1, c_2, \cdots, c_K, C_1, C_2, \cdots, C_n) = \mu \sum_{i=1}^{n} \oint_{C_i} \mathrm{d}s + \lambda \sum_{i=1}^{n} \iint_{\mathrm{inside}(C_i)} (I(1+i) - c_a)^2 \mathrm{d}x\mathrm{d}y +
$$

$$
\nu \sum_{i=1}^{n} \iint_{\mathrm{outside}(C_i)} (I(1+i) - c_b)^2 \mathrm{d}x\mathrm{d}y \tag{2.46}
$$

则改进的多水平集 C - V 模型的"能量"泛函为

$$
E(c_1, c_2, \cdots, c_K, C_1, C_2, \cdots, C_n) = E_1(c_1, c_2, \cdots, c_K, C_1, C_2, \cdots, C_n) + E_2(u)
$$

$$(2.47)$$

图 2.12(a) 所示为定义的多个水平集的初始圆闭合曲线，图 2.12(b) 所示为采用改进多水平集 C - V 模型获得的多个红松籽对象的轮廓，并将轮廓结果叠加到原始灰度图像上，便于观察提取到的红松籽轮廓的准确性。

(a) 初始圆闭合曲线　　　　　　　　(b) 轮廓提取结果

图 2.12　多个红松籽轮廓提取图像

2.5　红松籽特征参数的提取

　　想要完成对红松籽外部品质的等级划分,需要从采集到的图像中获取所需的特征参数。图 2.13 所示为红松籽图像。从形状上看,红松籽果底宽、果顶尖,呈倒卵状三角形。红松籽上、下果顶间的距离称为"果长";垂直于果长方向,红松籽的最大宽度距离称为"最大脱蒲横径",通过红松籽的果长和最大脱蒲横径能够比较全面、准确地表征红松籽外部品质特征。因此,采用数学形态学的方法对红松籽的果长、最大脱蒲横径特征参数进行提取,从而实现红松籽外部品的等级划分。

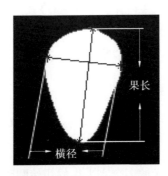

图 2.13　红松籽特征参数描述

红松籽果长的确定:根据提取出的红松籽轮廓信息,计算红松籽轮廓上两点之间的最大距离,进而实现红松籽果长特征的提取,两点之间的距离计算公式为

$$d = \sqrt{(x_1 - x_2)^2 + (y_1 - y_2)^2} \qquad (2.48)$$

其中,(x_1, y_1)、(x_2, y_2) 表示红松籽轮廓上的两点坐标,果长提取结果如图 2.14(a) 所示。

红松籽最大脱蒲横径的确定:以红松籽果长的一个端点为起点,另一个端点为终点,进行遍历,过这些遍历点作垂直于果长直线的垂线,并对垂线与红松籽轮廓相交的点的坐标进行求取,根据遍历及交点的坐标计算垂线的长度,则垂线长度的最大值即为红松籽的最大脱蒲横径。最大脱蒲横径提取结果如图 2.14(b) 所示。

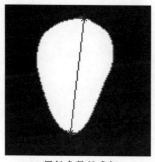 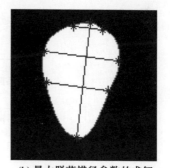

(a) 果长参数的求解　　　　　(b) 最大脱蒲横径参数的求解

图 2.14　红松籽特征参数的求解

2.6　算法描述

红松籽外部品质无损等级划分的流程图如图 2.15 所示,等级划分部分由轮廓提取、特征参数(果长、最大脱蒲横径) 提取、等级判定及结果显示 4 个部分组成。

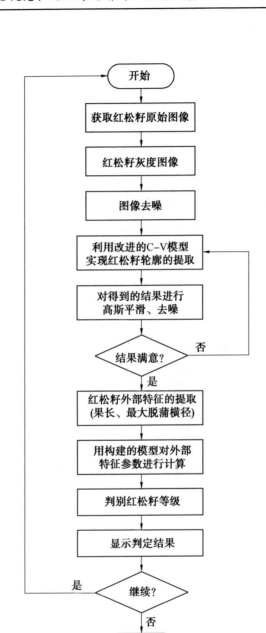

图 2.15　红松籽外部品质无损等级划分的流程图

2.7　结果与分析

2.7.1　模型的建立

采用以上所介绍的方法,进行红松籽轮廓的提取,并根据提取出的轮廓信息,进一步提取红松籽果长、最大脱蒲横径特征参数。需要说明的是,本书中改进 C－V 模型参数 $\mu = 250$,$\lambda_1 = \lambda_2 = 1$,$\nu = 0$,速度常数 $i = 2$。

校正集红松籽样品用于数学模型的建立,利用实际测量值和机器测量值进行多项式非线性拟合,则红松籽果长的数学模型为:$y = 0.000\,5x^2 + 0.069x + 4.474\,7$,红松籽最大脱蒲横径的数学模型为:$y = 0.001\,7x^2 - 0.057\,9x + 6.677$。图 2.16、图 2.17 分别为红松籽果长、最大脱蒲横径机测值和实测值之间的关系曲线。

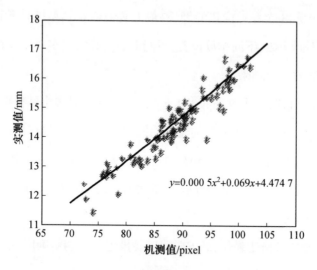

图 2.16　红松籽果长机测值和实测值关系曲线

需要说明的是,由于红松籽果长、最大脱蒲横径的机器测量值是通过对红松籽数字图像进行分析处理而提取出的数据,因此红松籽果长、最大脱蒲横径的机器测量值为图像像素值,单位为 pixel。

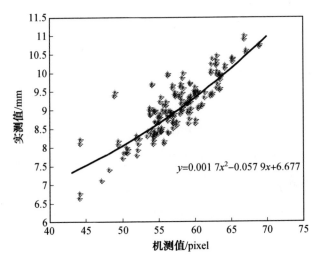

图 2.17　红松籽最大脱蒲横径机测值和实测值关系曲线

2.7.2　模型的验证

利用验证集红松籽对构建的果长、最大脱蒲横径模型进行验证。图 2.18 所示分别为不同个数、不同排放位置、不同形态的红松籽多目标果长、最大脱蒲横径特征参数的提取结果。

由图 2.18 可知,采用改进的多水平集 C–V 模型对多个红松籽目标进行轮廓提取的结果比较理想,提取到的轮廓曲线均比较准确地接近红松籽果实的边缘。需要说明的是,在对多个红松籽目标进行外部品质等级划分的过程中,计算机的判别顺序是从左向右,从上向下依次给出的,即如图 2.18 中所标注的顺序进行结果的显示。

用精确度 M 来描述果长、最大脱蒲横径模型的预测精确度,精准度 M 的计算公式为

$$M = \left(1 - \frac{|D_r - D_f|}{D_r}\right) \times 100\% \qquad (2.49)$$

其中,D_r 表示实测值;D_f 表示模型的预测值。对比结果如表 2.1 所示。

(a) 4 个红松籽特征参数的提取结果

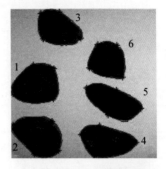
(b) 6 个红松籽特征参数的提取结果

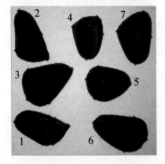
(c) 7 个红松籽特征参数的提取结果

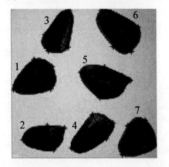
(d) 7 个红松籽特征参数的提取结果

图 2.18　多个红松籽目标特征参数的提取

表 2.1　红松籽果长、最大脱蒲横径对比结果

样品	果长 /mm		$M/\%$	最大脱蒲横径 /mm		$M/\%$
	实测值	预测值		实测值	预测值	
1	16.72	16.614 8	99.37	8.42	8.676 1	96.96
2	14.62	14.129 2	96.64	9	8.582 3	95.36
3	11.92	12.148 0	98.09	9.4	9.029 2	96.06
4	16.08	15.317 1	95.26	8.96	8.866 7	98.96
5	12.7	12.558 0	98.88	9.1	9.401 1	96.69
6	12.72	12.828 9	99.14	9.42	8.943 0	94.94
7	14.72	14.775 3	99.62	9.16	9.470 8	96.61
8	13.88	14.397 3	96.27	9.98	8.804 9	88.23
9	14.48	14.806 2	97.75	7.4	7.832 2	94.16
10	16	16.227 4	98.58	8.98	8.776 5	97.73

续表 2.1

样品	果长 /mm		M/%	最大脱蒲横径 /mm		M/%
	实测值	预测值		实测值	预测值	
11	15.4	15.421 2	99.86	9.4	9.342 5	99.39
12	14.6	14.168 8	97.05	9.7	8.522 7	87.86
13	16.48	16.496 2	99.90	9.52	9.382 7	98.56
14	13.98	14.082 4	99.27	8.7	8.582 3	98.65
15	14	13.977 6	99.84	8.9	8.489 0	95.38
16	13.94	13.737 6	98.55	9.98	9.856 1	98.76
17	14.76	14.710 0	99.66	9	8.558 9	95.10
18	14.98	14.937 2	99.71	10.4	10.127 4	97.38
19	12.82	12.687 6	98.97	8.7	8.639 7	99.31
20	14.18	14.422 3	98.29	8.84	8.636 2	97.69
21	13.3	13.076 2	98.32	8.42	8.814 4	95.32
22	14.32	14.648 0	97.71	9.74	9.222 2	94.68
23	13.1	13.551 7	96.55	7.8	8.259 6	94.11
24	13.9	14.010 1	99.21	9.34	9.515 0	98.13
25	15.6	15.885 9	98.17	7.72	8.036 5	95.90
26	15.3	15.548 2	98.38	9	8.710 3	96.78

其中,果长模型的平均预测精确度为98.42%,最大脱蒲横径模型的平均预测精确度为96.10%。

2.7.3 红松籽外部品质综合评定分级标准

红松籽外部品质等级划分是一个比较模糊的概念,目前尚无一个明显的界限,为此本书依据消费者的选购规律,结合红松籽的果长、最大脱蒲横径来进行红松籽的等级划分,划分标准如表2.2所示。

表 2.2 红松籽外部品质综合评定分级标准

等级	果长(55%)	最大脱蒲横径(45%)
一等	> 16 mm	> 10 mm
二等	12.5 ~ 16 mm	7.5 ~ 10 mm
等外	< 12.5 mm	< 7.5 mm

根据红松籽的果长、最大脱蒲横径对红松籽的外部品质进行 3 个等级的划分,即一等品、二等品和等外品,果长和最大脱蒲横径在综合等级评定标准中分别占 55% 和 45% 的权重,综合等级划分的计算公式为

$$W = 0.55 \times D_{果长} + 0.45 \times D_{横径} \qquad (2.50)$$

其中,W 为综合等级评分,建议一等品得分大于 13.3;二等品得分在 10.25 ~ 13.3 之间;等外品得分小于 10.25。

为了验证本节方法等级划分的准确性及可靠性,任意选取 2 000 粒红松籽并进行标记,采用传统的机械振动筛选,得一等品:543 粒,二等品:1 272 粒,等外品:185 粒;采用本节方法进行等级划分,得一等品:527 粒,二等品:1 295 粒,等外品:178 粒。分级结果基本一致,准确率分别为:97.1%、98.2%、96.2%,平均准确率为 97.2%。分级结果存在差异的原因是,本节分级方法对红松籽的综合特性进行了考虑,而传统的机械振动筛选仅仅依赖红松籽的单一方向果径进行划分,本节的分级结果更符合消费者的视觉习惯和心理需求。

2.8 本章小结

在本章中,采用改进的 C – V 模型获取红松籽果实的轮廓信息,根据提取到的红松籽果长、最大脱蒲横径特征参数,对红松籽的外部品质等级进行无损划分,并给出了红松籽外部品质等级划分的综合评定分级标准。具体研究结果如下。

(1) 采用改进的 C – V 模型能够实现对红松籽果实目标轮廓的提取,与传统 C – V 模型方法相比,本书改进的 C – V 模型方法无论在轮廓提取准确性还

是运算时间方面,均有所提高;同时采用改进的多水平集 C – V 模型还成功地实现了对多个红松籽果实目标轮廓的提取。

(2) 通过对红松籽形状的分析,结合数学形态学的方法,实现了对红松籽果长和最大脱蒲横径特征参数的提取,并且与实际测量值进行一元非线性拟合,分别构建了红松籽果长和最大脱蒲横径数学模型。利用验证集红松籽分别对构建的果长、最大脱蒲横径模型进行验证,结果表明,果长模型的平均预测精确度为98.42%,最大脱蒲横径模型的平均预测精确度为96.10%。

(3) 根据红松籽果长、最大脱蒲横径特征参数,提出了红松籽外部品质综合评定分级标准,对红松籽进行等级划分,分级结果的平均准确率为97.2%,表明了分级结果的可靠性和准确性。

第3章　红松籽近红外光谱分析

近红外光谱分析技术是一种利用有机化学物质在近红外谱区的光学响应特性,对物质定量或定性快速测定的现代光谱技术。近红外光谱的信息量极为丰富,几乎包含全部含氢基团的有关特征信息,物质中含氢基团的同一组分或不同组分在近红外区域存在丰富的吸收光谱。在农业动植物体中,各组织主要成分脂肪、淀粉、蛋白质、纤维素等均含有丰富的含氢基团,在近红外区都存在特定的吸收光谱,每种成分都存在其特定的吸收响应特征,这为近红外光谱分析提供了重要的依据。20世纪50年代现代近红外光谱分析作为一项高新技术,最先在农业分析方面开展了研究。美国农业部贝茨维尔农业仪器研究室Norris博士等人在20世纪60年代对固体样品进行了近红外漫反射光谱的分析研究,分别对谷物材料中的水分、蛋白质、油分等其他组分进行了近红外光谱的定量分析研究。由于近红外光谱仪器的不断更新,处理光谱数据的软件版本不断升级,以及计算机数据处理技术、光学、物理学、化学计量学方法与理论的不断发展,因此近红外光谱分析技术的可靠性、简便性和准确性不断提升。近红外光谱分析技术不仅具有非破坏性、无污染性、安全、快速的优点,而且还能够对同一样品在很短的时间内进行多组分的分析。近红外光谱分析技术逐渐被研究学者们所接受,并在定量分析样品的淀粉、粗蛋白、水分、脂肪方面开展了研究;同时在分析脂肪酸、氨基酸方面也进行了研究;有的研究学者还将近红外光谱分析技术应用到了产品加工生产过程中的在线质量监控中。随着对近红外光谱分析技术的不断深入研究,其检测对象也由原来的粉末状态发展到完整的样品形态的状态。目前,近红外光谱分析技术在饲料分析、食品分析、石油化工工业分析、生物医学、烟草与纺织行业、矿物学等众多领域都得到了良好的应用。

3.1　近红外光谱分析的基本理论

3.1.1　近红外光谱分析原理

分子之所以能够实现对近红外光谱的吸收,是源于其在近红外光谱区内部振动状态发生的变化。利用量子学和经典力学从两个角度来对分子的振动状态进行理解和说明。

从经典力学的角度出发,可以用合频、倍频及基频来对分子的振动状态进行描述。以最简单的分子双原子结构为例,设两个原子的质量分别为 m_1、m_2,将其模拟为两个小球经由弹簧连在一起的弹簧振子。根据胡克定律可知,该系统的振动属于简谐振动,故称其为谐振子(Harmonic Oscillator)。谐振子机械振动的频率为

$$\nu_\mathrm{m} = \frac{1}{2\pi}\sqrt{\frac{K}{\mu}} \tag{3.1}$$

其中,K 表示力常数,它对两个原子间键能量的大小起到了决定性的因素;μ 表示双原子分子的折合质量,即 $\mu = (m_1^{-1} + m_2^{-1})^{-1}$。倘若 μ 取原子量单位,K 以 mdyn/nm 为单位,那么双原子分子机械振动相应的波频率可表示为

$$\sigma_\mathrm{m} = \frac{1}{2\pi c}\sqrt{\frac{K}{\mu}} = 413\sqrt{\frac{K}{\mu}} \tag{3.2}$$

分子的这种振动频率称为分子振动的基频,分子若按照基频的整数倍 2σ、3σ 频率发生振动,则称为分子振动的 1、2、… 级倍频。若分子中同时存在几种频率的振动,那么在一定的条件下两种不同频率的振动会发生耦合现象,该现象会引起分子发生相当于两种频率之和的振动,则称其为分子振动的合频。

从量子学的角度出发,可以用能级来对分子的振动状态进行描述,分子在不同振动能级之间的跃迁会引起分子振动能级的变化。根据量子力学可得谐振子的能级公式为

$$E_\mathrm{v} = hc\sigma\left(V + \frac{1}{2}\right) \tag{3.3}$$

其中,振动量子数 $V = 0,1,2,3,\cdots$;E_v 表示 V 能级的能量值。谐振子在不同能级间跃迁时的选择根据为 $\Delta V = \pm 1$,也就是说跃迁只发生在相邻能级之间。振动基态是指 $V = 0$ 的状态,振动第一激发态是指 $V = 1$ 的状态,基频跃迁是指谐振子由振动基态到振动第一激发态间的跃迁。基频吸收是指基频跃迁所产生

对辐射的吸收。

实际的分子振动并不完全是简谐振动,分子化学键的位能曲线决定了分子属于非线性谐振子(Anharmonic Oscillator)。其振动量子数为 V 的能级公式可近似表达为以下形式:

$$E = hc\sigma \left[\left(V + \frac{1}{2} \right) - X \left(V + \frac{1}{2} \right)^2 + X \left(V + \frac{1}{2} \right)^3 \cdots \right] \qquad (3.4)$$

当式(3.4)只取 2 项时,则相邻能级键的能量差为

$$\Delta E = hc\sigma (1 - 2VX) \qquad (3.5)$$

其中,X 表示非谐性常数(Anharmonic Constants)。非线性谐振子跃迁的选取原则为:$\Delta E = \pm 1, \pm 2, \cdots$,也就是说分子除了可以发生基频跃迁外,也可以发生从基态到第二或到更高激发态($V = 2, 3, \cdots$) 间的跃迁。这种跃迁就称之为二级倍频跃迁或多级倍频跃迁,进而产生的吸收谱带就称之为二级倍频吸收或多级倍频吸收。分子振动的倍频或合频吸收造成了近红外谱区的吸收。

3.1.2　漫反射光谱分析方法

反射光谱法和透射光谱法是近红外光谱分析技术常采用的两类技术手段。通常情况下,采用透射光谱法对比较透明的液体进行分析;采用漫反射光谱法对固体样品进行检测。由于漫反射光谱分析法的操作实现比较简单,因此其在现代近红外光谱分析技术中占有举足轻重的地位。与透射光谱法相比,漫反射光谱分析方法更适合于在样品的在线监测分析中进行应用。

漫反射光谱分析的光谱仪器与光源在同一侧,近红外光进入红松籽样品组织内部后,其中一部分光仍旧沿直线传播;一部分被样品吸收;一部分光的传播方向会发生变化,产生散射现象,最终携带样品信息的近红外光又反射出样品表面,被光谱仪接收实现样品成分的检测。近红外光谱在红松籽组织中的传播方式如图 3.1 所示。

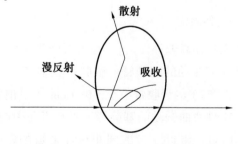

图 3.1　近红外光谱在红松籽组织内部传播方式示意图

样品对光的吸收以及由样品的物理状态而产生的散射情况的程度,最终决定了漫反射光的强度。由于样品组分含量与漫反射光强度不符合比尔定律,因此,要对于样品浓度呈线性关系的慢反射光谱参数进行研究。定义漫反射吸光度为

$$A = \log\left[\frac{1}{R_\infty}\right] = -\log\left[1 + \frac{K}{S} - \sqrt{(K+S)^2 + 2\left(\frac{K}{S}\right)}\right] \tag{3.6}$$

其中,A 表示漫反射体的反射吸光度;K 表示吸收系数,其值由漫反射体的化学组成所决定;S 表示散射系数,其值由漫反射体的物理特性所决定。当 K/S 在一定范围内,A 与 K/S 可用截距不等于零的一元线性方程来近似表达,则式 (3.6) 以间隔 0.01 按下式直线进行拟合,即

$$A = a + b\left(\frac{K}{S}\right) \tag{3.7}$$

即 K/S 在一定范围内,以直线代表曲线的方法是可行的。

在样品只存在一种组分的情况下,若样品的浓度不高,则样品浓度 C 和吸光系数 K 呈比例关系,即

$$K = \varepsilon \cdot C \tag{3.8}$$

其中,ε 表示摩尔吸光系数。因此若散射系数 S 为常数,将式(3.8) 代入式(3.7) 可得

$$A = a + b\left(\varepsilon \cdot \frac{C}{S}\right) = a + b' \cdot C \tag{3.9}$$

其中,b' 参数包含了散射系数 S 与摩尔吸光系数 ε 相关的常数。由此可见,样品浓度 C 和漫反射吸光度 A 呈线性关系。需要说明的是,只有在散射系数 S 保持不变的情况下,样品浓度 C 和漫反射吸光度 A 的线性关系才成立。

3.1.3　近红外光谱的化学信息

1. C—H 键的近红外光谱

C—H 键在有机物中是普遍存在的,其在近红外光谱区也存在着相应的特征吸收带。C—H 键伸缩振动的基频特征吸收带在中红外区的 3 000 cm^{-1} 附近,并且饱和烃(除环丙烷) 的吸收带小于 3 000 cm^{-1},不饱和烃的吸收带略大于 3 000 cm^{-1}。C—H 键弯曲振动的基频特征吸收带在中红外区的指纹区,其中剪式振动在 1 450 cm^{-1} 附近。考虑到非线性常数的影响,由此可推测出 C—H 键伸缩振动的一级倍频特征吸收带在 1 600 ~ 1 800 nm,二级倍频特征吸

收带在 1 100 ~ 1 200 nm,三级倍频特征吸收带在 950 ~ 1 020 nm。伸缩振动和弯曲振动的合频吸收带有两个区,较弱的在 1 300 ~ 1 400 nm,较强的在 2 000 ~ 2 400 nm。

2. N—H 键的近红外光谱

有机分子中的另一种重要结构是 N—H 键。许多与生命有关的有机物如氨基酸、胺类、酰胺类、蛋白质分子,以及重要有机物中都包含有大量的 N—H 键。N—H 键的振动形式与次甲基 C—H 及羟基的振动形式相类似;NH_2 和 NH_3 的振动形式与亚甲基的振动形式相类似。N—H 键的力常数 K 比 C—H 键的要大,由于它们的质量不同,因此在近红外光谱区 N—H 键伸缩的波数比 C—H 键的要高,在该区的 3 250 ~ 3 350 cm^{-1};由于弯曲振动中的剪式振动在 1 600 cm^{-1} 附近,由此可推断得 N—H 键伸缩振动的倍频特征吸收与合频特征吸收的波长比 C—H 键的要小,分别在 1 150 nm 和 1 500 nm 附近。

蛋白质分子是由氨基酸以肽键结合在一起的生物分子,分子中的含氢基团有 O—H、C—H 和 N—H。N—H 基团伸缩振动和弯曲振动的合频特征吸收带在 4 600 cm^{-1} 附近。伯酰胺 R—CO—NH_1、仲酰胺 R—CO—NH—R 的近红外光谱与对应的胺类物质类似,其一级倍频特征吸收带在 1 500 nm 附近,合频特征吸收带在 2 000 nm 附近。

3. O—H 键的近红外光谱

有机分子中还存在着一种重要的结构即 O—H 键。在生命活动中起到重要作用的各种多糖、单糖以及有机物中的醇、酚、酸均含有 O—H 键基。O—H 键的振动形式与次甲基 C—H 及仲氨基 N—H 相似,但 C、H、O 3 种元素中氧原子的电负性最高,O—H 键的力常数 K 比 N—H 和 C—H 的要高,因此 O—H 键的基频频率也比较高。在酚和醇中游离羟基伸缩振动的基频特征吸收带在中红外的 3 650 cm^{-1} 附近,面内弯曲振动在 1 300 cm^{-1} 附近,由此可推得在近红外区伸缩振动一级倍频特征吸收在 1 430 nm 附近,二级倍频吸特征吸收在 950 nm 附近,合频特征吸收在 2 000 nm 附近。

伯醇、仲醇和叔醇的游离 OH 基伸缩振动的基频特征吸收约在中红外区的 3 640 cm^{-1}、3 630 cm^{-1}、3 610 cm^{-1}。与此相对应的它们的倍频特征吸收分别在近红外区的 1 408 ~ 1 409 nm、1 412 ~ 1 416 nm、1 418 ~ 1 419 nm。淀粉、纤维素等生物大分子属于多糖,含有大量羟基,分子中含氢基团有 O—H、C—H

键,其特征吸收为 O—H 的伸缩振动和弯曲振动的合频吸收带。

水是最普遍的一种含 OH 基的物质,由于水分子的极性较强,因此其发生的振动在中红外区有很强的吸收,极大地影响了对中红外光谱的分析。与中红外区相比,在近红外区水分子的吸收要弱得多。水分子在近红外光谱区内存在一些特征性很强的合频吸收带,这就使得利用近红外光谱分析技术对水分子结构进行研究,以及对其他物质进行含水测定时都较为简便。

经过分子的缔合,使得吸收带的细节消失了,构成了较宽的谱带,进而形成了液态水。纯水分子 O—H 键伸缩振动的一级倍频特征吸收带在近红外光谱区的 1 140 nm 附近,二级倍频特征吸收带在 960 nm 附近,水分子的合频特征吸收带主要有两个,较强的在 1 940 nm 附近,较弱的在 1 220 nm 附近。

除醇类和水外,含 OH 基的有机物还有羟酸和过氧化合物等,它们的近红外光谱在分析中的作用不如水和醇。羟酸中非缔合的 OH 基伸缩振动的倍频吸收在近红外光谱区的 1 450 nm 附近,伸缩振动和弯曲振动的合频特征吸收带在 2 100 nm 附近。羟酸中羟基的一级倍频特征吸收带在中红外区,二级倍频特征吸收带在 1 900 nm 附近。若羟酸分子发生缔合会提高 OH 振动吸收波长。因为羟酸分子内和分子之间键合对其近红外吸收的强度和位置有很大的影响,所以羟酸的 OH 吸收带在分析上的作用不大。

3.1.4 近红外光谱定量分析的建模方法

应用于光谱定量分析中的数学建模方法主要有:多元线性回归(Multiple Linear Regression,MLR) 方法、逐步回归方法、主成分回归(Principle Component Regression,PCR) 方法、偏最小二乘(Partial Least Squares,PLS) 方法和人工神经网络(Artificial Neural Network,ANN)BP 算法等。其中偏最小二乘法因其在处理线性回归中的多重共线问题时有着较好的效果,因此,目前应用该方法进行近红外光谱定量分析建模的研究较多,该方法的应用也较为广泛。

偏最小二乘法采取了成分提取的方式,当从自变量矩阵 X 中提取第一个成分 F_1 时,希望 F_1 一方面能对因变量 y 的解释能力达到最佳,另一方面能最好地涵盖 X 中的信息。与一般的主成分回归相比,该思想在本质上有巨大的飞跃。

偏最小二乘法的基本原理是,首先将仪器测定的 n 个样品 p 个波长点处吸光度矩阵 $X = (x_{ij})_{n \times p}$ 与 n 个样品 m 个组分的浓度矩阵 $Y = (y_{ij})_{n \times m}$ 分解成特征

向量的形式,即

$$Y = UQ + F$$

$$X = TP + E \tag{3.10}$$

其中,T 和 U 分别表示 $n \times d$(d 为抽象组分数) 阶吸光度特征因子矩阵与浓度特征因子矩阵;Q 表示 $d \times m$ 阶浓度载荷矩阵;F 表示 $n \times m$ 阶浓度残差矩阵;P 表示 $d \times p$ 阶吸光度载荷矩阵;E 表示 $n \times p$ 阶吸光度残差矩阵。偏最小二乘法构建 U 和 T 间的数学回归模型,即

$$U = TB + E_d \tag{3.11}$$

其中,B 表示 d 维对角回归系数矩阵;E_d 表示随机误差矩阵。对于待测未知样品,假设其吸光度向量为 x,那么其浓度能够求解为:

$$y = x(U'X)'BQ \tag{3.12}$$

在偏最小二乘法算法中,首先一般采用交叉证实法对抽象组分数 d 进行确定,也就是说将吸光矩阵 X 中的部分样品数据(通常取 $1/4$),暂时排除在构建一维偏最小二乘法数学模型的计量之外,利用保留下来的数据对模型参数向量进行计算。其次,将光谱数据代入到数学计算模型中,以实现对"被剔除"样品的浓度 $\dot{y}$ 值的预测,进而得到相应实测浓度 y 值与预测浓度 $\dot{y}$ 值的"Press",再将吸光矩阵 X 中的第二个 $1/4$ 部分进行排除,如此重复计算,直到预测平方和涵盖了每个样品一次;而后抽象组分增加 1;循环继续。可以采用人工干预的方法对循环次数进行确定,也可以依据预测平方和 Press 的变化来确定最合理的维数 d。

综上所述,对偏最小二乘法算法的计算步骤总结如下。

(1) 校准部分。

① 对浓度矩阵 Y 和吸光度矩阵 X 进行标准化处理,即对它们进行方差归一化和中心化。

② 令维数 $k = 0$,开始迭代交叉回归的计算。

③ 令 $k = k + 1$,取 Y 中的某列作为 U 的初始向量。

④ 求 X 的权向量 W_k:$W'_k = U'X$,将 W_k 标准化 $\| W_k \| = 1$。

⑤ 计算 t:$t = XW'_k$。

⑥ 计算 Y 的载荷向量 q:$q = U'Y$。

⑦ 确定 Y 的新特征向量 $U = Y_q q$。

⑧ 若 $\| t - t_{old} \| > 10^{-6} \| U \|$,转步骤 ④;否则执行以下步骤。

⑨ 对关联 X 和 Y 的特征向量 t 和 U 的系数 B_k（第 k 个元素）: $B_k = t'U / \| t \|$ 进行计算。

⑩ 计算 X 的载荷向量 P: $P = t'X$。

⑪ 对 X 和 Y 中形成的残差进行计算，并将其作为下一维中新的 X 和 Y: $X = X - tp, Y = Y - B_k tq$。

⑫ 由交叉证实法确定 k 是否为最佳维数 d，若达到最佳维数，停止迭代，否则转步骤③。

（2）待测样品中组分的确定。

根据待测样品的吸光度向量 x 和校正模型对样品各组分浓度 y 进行确定。

① 按照校准过程对待测样品吸光度向量 x 进行标准化处理。

② 令 $k = 0, y = 0$。

③ 令 $k = k + 1, t = x \cdot W'_k; y = y + B_k tq; x = x - tp$。

④ 若 $k < d$ 转步骤③，否则迭代停止。

需要说明的是，由于是按照标准化的形式给出的预测浓度值，因此需要对其进行逆标准化运算处理，最终实现待测样品浓度值的求取。

3.1.5　近红外数学模型的评价

通过对模型相关参数的计算，进而用以评价模型的优劣程度，常用的模型评价参数有：相关系数（Correlation Coefficient, R）、校正集均方根误差（Root Mean Square Error of Calibration, RMSEC）、验证集均方根误差（Root Mean Square Error of Predication, RMSEP）、内部交叉验证均方根误差（Root Mean Square Error of Cross Validation, RMSECV），相应的计算公式如下：

（1）相关系数 R。

$$R = \frac{\sum_{i=1}^{m} (z_i - \bar{z})}{\sqrt{\sum_{i=1}^{m} (z_i - \bar{z})^2} \sqrt{\sum_{i=1}^{m} (y_i - \bar{y})^2}} \tag{3.13}$$

其中，m 表示样品个数；y_i 表示经构建的近红外数学模型预测的第 i 个样品的预测值；z_i 表示标准理化方法测得的第 i 个样品的标准值；此外

$$\bar{z} = \frac{1}{m} \sum_{i=1}^{m} z_i, \quad \bar{y} = \frac{1}{m} \sum_{i=1}^{m} y_i$$

（2）校正集均方根误差 RMSEC。

$$RMSEC = \sqrt{\frac{\sum\limits_{i=1}^{n} (z_i - y_i)^2}{n}} \tag{3.14}$$

其中，n 表示校正集样品个数；y_i 和 z_i 分别表示校正集第 i 个样品的预测值和标准值。

（3）验证集均方根误差 RMSEP。

$$RMSEP = \sqrt{\frac{\sum\limits_{i=1}^{m} (z_i - y_i)^2}{m}} \tag{3.15}$$

其中，m 表示验证集样品个数；y_i 和 z_i 分别表示验证集第 i 个样品的预测值和标准值。

（4）内部交叉验证均方根误差 RMSECV。

$$RMSECV = \sqrt{\frac{\sum\limits_{i=1}^{n} (y_{\setminus i} - z_i)^2}{n}} \tag{3.16}$$

其中，n 表示校正集样品个数；$y_{\setminus i}$ 表示校正集中剔除第 i 个样品后，用余下的样品建立的模型，该模型对第 i 个样品的预测值；z_i 表示校正集第 i 个样品的标准值。该参数主要用于评价某种建模方法的可行性及所建模型的预测能力。

模型优劣的评价标准是：均方根误差越小越接近 0 越好，相关系数越大越接近 1 越好。

依据 3 个基本标准来对近红外数学模型的预测分析能力进行评价，这 3 个标准分别是：模型的可靠性、模型的动态适应性以及模型的稳定性。

模型的可靠性：又指模型预测的精确程度。为了得到可靠精确的预测分析结果，在构建模型的过程中，对校正集样品的选取要遵循"少而精"的原则，也就是说校正集的样品数目要尽量少，但它们反映的信息要尽量全面，并且验证集待分析样品的特征要与校正集样品尽量匹配。想要实现模型可靠性的提升，就要尽可能地实现"少而精"的原则。

模型的动态适应性：动态适应性是指在分析时间、样品状态、仪器性能存在差别时对模型产生的影响。对光谱图像进行预处理可以实现对部分干扰因素的影响的消除,但这些干扰因素会随着空间、时间的变化而不断增加,这时就需要在模型中加入干扰因素或者将模型进行转移,实际的处理方法是对校正集样品不断地进行丰富,使得建模样品涵盖的信息尽量广泛。模型长时间的稳定性是通过其动态适应性体现的。

模型的稳定性:对背景因素和样品类型的适应性是通过模型的稳定性来体现的。校正集样品涵盖范围的大小决定了模型的稳定性,也就是说需要在大量的样品中合理地选取具有代表性的样品进入校正集,具有代表性的样品是指样品所包含的背景信息和有效信息的范围要足够全面和宽泛。

3.2 红松籽近红外光谱实验数据的采集

3.2.1 实验材料与校正集的界定

实验中所使用的生的红松籽样品由黑龙江省伊春市凉水国家级自然保护区提供,实验前对全部红松籽样品进行清洗、擦拭工作,并按照松子的相关储藏标准,将全部红松籽样品保存于相对湿度50% ~ 60%、温度 - 1 ~ 2 ℃ 之间条件下。为了满足光谱数据的采集要求,对红松籽样品进行扫描前,先将其放置于实验室24 h,以保证其温度和湿度与实验室的情况相一致。选取红松籽样品5 168 粒,从中挑选出134 份样品用于后续的基于近红外光谱分析的红松籽内部成分的检测研究,并按照3∶1 的比例对样品进行校正集与验证集的划分,其中校正集样品用以实现模型的构建;验证集样品用以实现对模型的验证。

校正集样品需由具有代表性的样品组成,因而采用基于样品欧式距离的Kennard – Stone(K – S) 方法实现校正集的划分。欧式距离,即欧几里得度量(Euclidean Metric),指在 m 维空间中的两点间的实际距离,又或是两向量间的自然长度。以二维空间中的两点 a、b 为例,则其欧式距离的计算公式为

$$d = \sqrt{(x_1 - x_2)^2 + (y_1 - y_2)^2} \tag{3.17}$$

其中,(x_1, y_1) 表示点 a 的二维空间坐标;(x_2, y_2) 表示点 b 的二维空间坐标。

在选取具有代表性样品方面 K – S 算法有着良好的效果。该算法的具体算法如下。

(1) 首先对两两样品之间的欧式距离进行计算,根据计算结果进而选取出

距离最大的两个样品,并将它们放入校正集。

（2）以选定的校正集样品为基点坐标,计算剩余样品与已选样品(基点坐标)的欧式距离。定义 d_{ij} 为第 i 个样品到第 j 个样品的欧式距离,假设已有 k 个样品被选进校正集(k 个基点坐标),这里 k 小于样品总数 n,针对第 v 个待选样品,计算其与已选校正集样品（基点坐标）的欧式距离, 即 $D_{kv} = \min(d_{1v}, d_{2v}, \cdots, d_{kv})$。

（3）计算所有待选样品 D_{kv} 最大值,即 $D_{mkv} = \max(D_{kv})$,拥有最大最小距离 D_{mkv} 的样品进入校正集。

（4）重复步骤（2）和（3）,直到所选取的样品的数目与预先确定的校正集样品的个数相同为止。

至此,则实现了校正集样品的划分。

3.2.2　近红外光谱仪设备

光谱采集仪器为由德国 INSION 公司开发的 NIR – NT – spectrometer – OEM – system 便携式近红外光谱仪,该仪器的光学模块是在显微镜下对空腔波导注射而形成的,这一技术保证了该光学模块的优秀的光学、机械性能和热稳定性。该光学仪器的主要特点是:超小尺寸;没有可移动部件;超低的价格;操作简单、便携;可在复杂环境下良好工作,不受剧烈震动影响,实现了真正的终身免校准。该近红外光谱仪如图3.2所示,其中,图3.2(b)为 NIR – NT 便携式近红外光谱仪内部的光路示意图。

(a) NIR–NT 光谱仪　　　　　　(b) 内部光路

图 3.2　NIR – NT 光谱仪

该近红外光谱仪的技术参数如表 3.1 所示。

表 3.1　NIR – NT 光谱仪的技术参数

技术参数	参数系数
入口光纤	300/330 μm；NA = 0.22
入射狭缝	50 μm × 300 μm
重复性	≤ 0.1 nm
适用波长范围	900 ~ 1 700 nm
热波长稳定性	< 0.03 nm/K
光谱分辨率	< 16 nm
操作温度	0 ~ 45 ℃
存储温度	– 40 ~ 60 ℃
动态比(16 位 ADC)	5 000 : 1
探测器阵列	InGaAs 探测器
功耗	< 200 mW(测量模式下)
OEM 尺寸	54 mm × 35 mm × 21 mm
模块尺寸	52 mm × 31 mm × 9 mm

3.2.3　红松籽近红外光谱数据的获取方法

获取红松籽样品光谱数据的过程中,保持实验室环境温度在 26 ℃ 左右,光源为卤素灯光源,其工作电压为 24 V。卤素灯光源与红松籽样品间采用 Y 型光纤连接,光纤的另一端与光谱仪连接,通过 USB 线实现光谱仪与 PC 机的连接。采集红松籽光谱数据前,先将近红外光谱仪、光源打开预热 15 min,使其稳定;对标准镀金漫反射背景体进行扫描,用于后续实验的背景参比;采用漫反射光谱方式扫描,设定光谱仪积分时间为 30 ms,平均次数 3 次;在采集光谱数据的过程中,将红松籽样品置于探头上,保证光源对红松籽样品的垂直照射,样品通过重新摆放连续扫描 4 次,以实现对样品的共 12(3 × 4) 次扫描,红松籽样品的光谱采集系统如图 3.3 所示,实验过程中,红松籽样品与探头的距离在 3 mm 左右。首先对带壳红松籽样品进行依次扫描,然后将红松籽进行手工去壳,并完全去掉红衣,对松仁样品进行依次扫描。

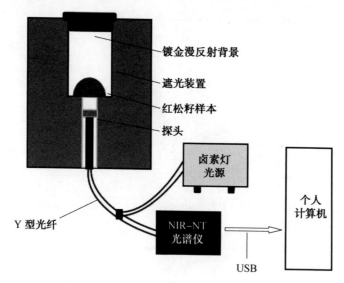

图 3.3　漫反射光谱采集系统

3.2.4　红松籽近红外光谱数据的分析

图 3.4 所示为红松籽样品原始近红外光谱数据,采样间隔为 6.83 nm,光谱波长范围为 906.9 ~ 1 699.18 nm。

图 3.4(a)、图 3.4(b) 分别为带壳红松籽和去壳红松仁的原始近红外光谱数据,由于受到近红外光谱区自身吸收强度弱、灵敏度低等的影响,因此原始近红外光谱呈现出了较为复杂的重叠信息,但是从整体的光谱曲线来看其重复性较好,形态具有相似性和一定的规律性。

图 3.5 所示为从红松籽样品原始近红外光谱中各随机选取出一条光谱曲线所做的对比图。

由图 3.5 可知,去壳红松仁与带壳红松籽光谱的走势基本相同,且吸收峰值递减或递增的位置基本相同,但由于红松籽壳的干扰,因此带壳红松籽样品的吸光度受到了影响,即去壳红松仁样品的吸光度明显高于带壳红松籽样品的吸光度。本书对红松籽脂肪、蛋白质及水分展开近红外光谱分析的定量无损检测。

脂肪是由脂肪酸和甘油形成的三酰甘油酯,组成元素为 C、H、O,其结构长链中的主要基团为烃基。蛋白质的结构特点是:主要由 N、H、C、O 4 种元素构成,且均为 α - 氨基酸,其结构长链中存在如 —COOH、—NH_2、—NH 等基团。水是一种无机物,由 H、O 两种元素构成。

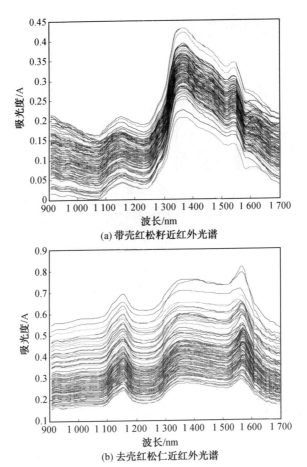

(a) 带壳红松籽近红外光谱

(b) 去壳红松仁近红外光谱

图 3.4 红松籽样品原始近红外光谱

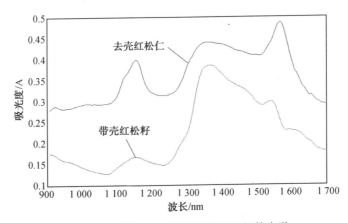

图 3.5 随机选取的红松籽样品近红外光谱

根据 3.2.3 中介绍的 C—H 键的近红外光谱的化学信息、O—H 键的近红外光谱的化学信息、N—H 键的近红外光谱的化学信息的近红外分析基本理论对图 3.5 所反映的化学信息进行说明。

由于 3.2.3.1 中介绍了 C—H 键伸缩振动的基频特征吸收带在中红外区的 3 000 cm⁻¹ 附近,C—H 键弯曲振动中的剪式振动在 1 450 cm⁻¹ 附近,由此可推测出 C—H 键伸缩振动的一级倍频特征吸收带在 1 600 ~ 1 800 nm,二级倍频特征吸收带在 1 100 ~ 1 200 nm,三级倍频特征吸收带在 950 ~ 1 020 nm,伸缩振动和弯曲振动的合频吸收带在 1 300 ~ 1 400 nm,因此图 3.5 中的 950 nm 附近的微弱波峰为 C—H 键伸缩振动的三级倍频特征吸收,1 160 nm 附近的波峰为 C—H 键二级倍频特征吸收,1 660 nm 附近的较小波峰为 C—H 键一级倍频特征吸收,1 400 nm 附近的波峰为 C—H 键伸缩振动和弯曲振动的合频特征吸收。

由于 3.2.3.2 中介绍了 N—H 键弯曲振动中的剪式振动在 1 600 cm⁻¹ 附近,由此可推断得 N—H 键伸缩振动的合频特征吸收带在 1 500 nm 附近,因此图 3.5 中的 1 550 nm 附近的波峰为 N—H 键合频特征吸收。

由于 3.2.3.3 中介绍了水分子 O—H 键伸缩振动的二级倍频特征吸收带在 960 nm 附近,合频特征吸收带在 1 220 nm 附近,因此图 3.5 中的 960 nm 附近的微弱波峰为水分子中 O—H 键的二级倍频特征吸收,1 220 nm 附近的微弱波峰为水分子中 O—H 键的合频特征吸收。

由以上分析可知,本书选取的波长范围包含了脂肪、蛋白质及水分的特征吸收区域,表明了红松籽脂肪、蛋白质、水分的相关信息能够通过本节所选取的去壳红松仁和带壳红松籽样品的光谱数据进行反映。

3.3　基于 NIR 分析的红松籽内部成分定量检测模型的建立

利用偏最小二乘(PLS)法,将红松籽样品的近红外光谱数据与红松籽内部某种成分(如脂肪、蛋白质、水分)的理化分析值进行关联,进而构建出红松籽内部相应成分定量分析的数学模型;以红松籽样品的近红外光谱数据作为模型的输入量,利用建立的数学模型对样品中的待测量(如脂肪、蛋白质、水分)进行定量计算,从而实现对红松籽样品待测量的预测,进而完成对红松籽样品内部成分的定量无损检测,则红松籽内部成分定量检测的近红外数学模型的建立流程如图3.6所示。

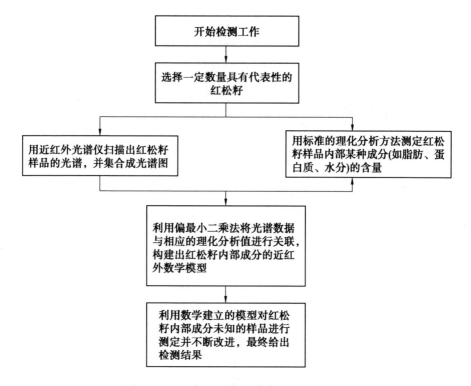

图3.6　红松籽近红外光谱检测的流程方案

　　为了提高模型的质量,可以对原始红松籽近红外光谱数据进行预处理,以及进行特征波段的选取,并进一步拟合光谱数据与待测量二者之间的关系,以达到构建出高质量的数学模型、提高模型预测精度的目的。

3.4　光谱的预处理

　　红松籽原始近红外光谱的采集过程中,由于受光谱仪光纤探头、采集周围环境温度以及测量条件等的影响,因此原始光谱信息会包含各种如噪声等的无关信息,此外样品有机物含氢基团的吸收强度弱,灵敏度不高,使得吸收宽度存在严重重叠的现象,采集到的原始光谱数据可能不符合对模型稳健性的要求,因此必须对其进行适当的预处理。光谱的预处理方法有很多种,本书中采用最常用的光谱预处理方法对红松籽原始光谱数据进行预处理,包括:一阶导数(First Derivative,1 – Der)、二阶导数(Second Derivative,2 – Der)、多元散射校正(Multiplication Scatter Correction,MSC)、矢量归一化(Vector Normalization,VN)、变量标准化校正(Standard Normalized Variate,SNV)。

3.4.1　导数

光谱经导数预处理后能够提供比原始光谱更清晰、更高分辨率的光谱轮廓变化,还可以消除平缓背景和基线漂移对原始光谱的干扰与影响。

光谱数据的求导方法很多,本书采用直接差分的方法实现导数的求取。以一阶导数为例,光谱数据的一阶导数求取方法如下:

$$X_{i,k} = \frac{X_{i,k+\lambda} - X_i}{\lambda} \tag{3.18}$$

其中,λ 表示求导的窗口宽度;$X_{i,k}$ 表示第 i 个样品在波长 k 点的光谱数据,且 $k = 1,2,\cdots,m$,m 表示光谱波长点的数目。由式(3.18)可知,光谱求导处理的效果受到求导窗口宽度的影响,需要进行多次实验,才能最终确定最佳的求导窗口宽度。在求导窗口宽度 $\lambda = 15$ 的情况下,带壳红松籽、去壳红松仁光谱数据经过直接差分一阶导数预处理后得到的光谱图像如图 3.7、图 3.8 所示。

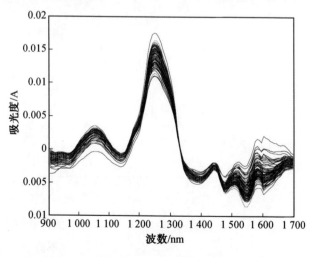

图 3.7　带壳红松籽直接差分一阶导数光谱图

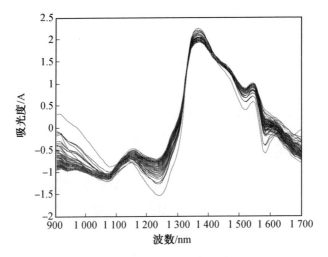

图 3.8　去壳红松仁直接差分一阶导数光谱图

光谱数据的二阶导数求取方法如下式所示:

$$X_{i,k} = \frac{X_{i,k+\lambda} - 2X_i + X_{i,k-\lambda}}{\lambda^2} \quad (3.19)$$

在求导窗口宽度 $\lambda = 15$ 的情况下,带壳红松籽、去壳红松仁光谱数据经过直接差分二阶导数预处理后得到的光谱图像如图 3.9、图 3.10 所示。

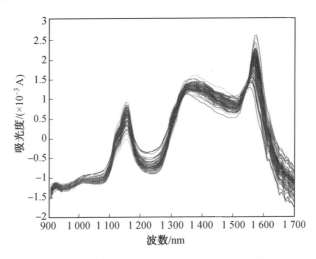

图 3.9　带壳红松籽直接差分二阶导数光谱图

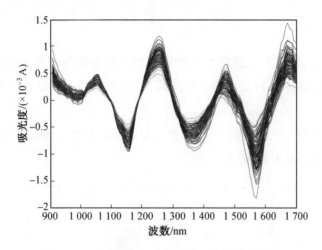

图 3.10　去壳红松仁直接差分二阶导数光谱图

3.4.2　多元散射校正

在漫反射光谱分析方法中,所测样品的光谱数据常常会由于样品的不均匀性而表现出很大的差异性,在多数情况下,散射引起的光谱变化往往比样品成分引起的光谱变化还要大。由于散射的程度与样品的折射指数、光的波长等相关参数有关,因此在近红外光谱范围内,散射的强度是有所不同的,通常表现为基线的二次、高次曲线、旋转以及平移。

多元散射校正是 1985 年由 Geladi 等人提出的,原始光谱数据通过多元散射校正预处理,以期得到较为“理想”的光谱数据。多元散射校正方法作出这样的假定,即散射对成分和光谱的影响是不同的,据此经过分析光谱上的数据,就能够将上述两部分分开。多元散射校正方法认为每条“理想”的光谱数据均与实际获得的光谱数据呈线性关系,通过校正集的平均光谱可以近似得到“理想” 光谱数据。据此,可以认为每个样品在任意波长点下反射吸光度和其平均光谱的响应吸光度是呈线性关系的,则任意样品的光谱数据与其平均光谱数据的线性关系可表达为

$$X_i = a_i + b_i \bar{X} + e_i \qquad (3.20)$$

其中,X_i 表示第 i 个样品的光谱数据;$\bar{X}$ 表示该组样品的平均光谱数据;a_i、b_i 分别表示 X_i 与 $\bar{X}$ 的截距与斜率;e_i 表示残差光谱数据。通过式(3.20)的线性关系参数,进而实现对每条光谱数据的散射校正,即

$$X_{i(\text{MSC})} = \frac{X_i - a_i}{b_i} \qquad (3.21)$$

需要说明的是,经过多元散射校正处理得到的光谱数据并非是真实的光谱数据,只是通过这样的校正处理,可以最大化地消除随机变异对光谱数据的影响。

　　带壳红松籽、去壳红松仁光谱数据经过多元散射校正预处理后得到的光谱图像如图 3.11、图 3.12 所示。

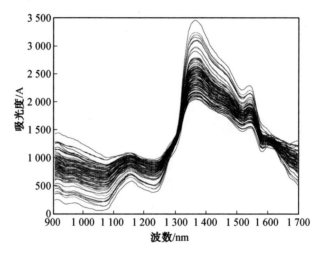

图 3.11　带壳红松籽多元散射校正光谱图

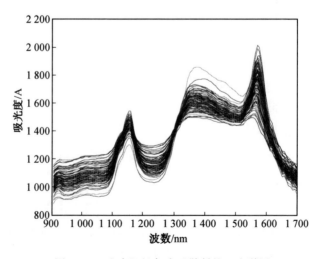

图 3.12　去壳红松仁多元散射校正光谱图

3.4.3　矢量归一化

光程变化对光谱的影响、光谱数据的随机误差可以通过对其进行矢量归一化处理来进行消除。其计算步骤是,首先计算出原始光谱 X 的平均吸光度值 $\bar{X}$,然后用原始光谱 X 减去吸光度平均值 $\bar{X}$ 得 X',再计算原始光谱 X 的平方和 C,即

$$C = \sum_{i=1}^{n} X_i^2 \tag{3.22}$$

其中,n 表示样品数目。最后用 X' 除 C 的平方根,则实现了对原始光谱的矢量归一化,矢量归一化的计算公式由下式给出:

$$Y = \frac{X - \sum_{i=1}^{n} X_i}{\sqrt{\sum_{i=1}^{n} X_i^2}} \tag{3.23}$$

其中,Y 表示经过矢量归一化预处理后的光谱。

本书中采集的带壳红松籽、去壳红松仁光谱数据经过矢量归一化预处理后得到的光谱图像如图 3.13、图 3.14 所示。

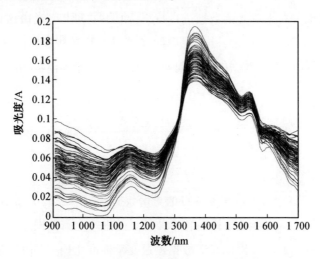

图 3.13　带壳红松籽矢量归一化光谱图

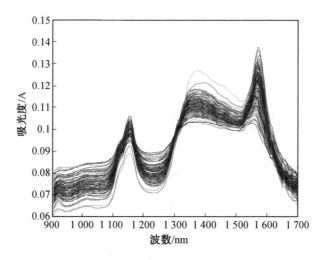

图 3.14 去壳红松仁矢量归一化光谱图

3.4.4 变量标准化校正

变量标准化校正与多元散射校正相类似,同样是用来消除样品间因散射而引起的光谱数据的差异的预处理方法,但是,两种预处理方法的算法截然不同。变量标准化校正将每条光谱的各个波长点的吸光度看作是满足正态分布的数据,通过该分布来对光谱数据进行校正,而无须"理想"光谱这一假设。变量标准化校正的算法流程是,首先用原始光谱减去其光谱数据的平均值,再利用该计算结果除该光谱数据的标准偏差,进而实现原始光谱数据的变量标准正态化校正,即

$$X_{i(\mathrm{SNV})} = \frac{X_{i,k} - \bar{X}_i}{\sqrt{\dfrac{\sum_{k=1}^{m} (X_{i,k} - \bar{X}_i)^2}{m - 1}}} \tag{3.24}$$

其中,$X_{i,k}$ 表示第 i 个样品在波长 k 点的光谱数据,且 $k = 1,2,\cdots,m$,m 表示光谱波长点的数目;$\bar{X}_i$ 表示第 i 个样品各个波长点的平均光谱数据。

带壳红松籽、去壳红松仁光谱数据经过变量标准化校正预处理后得到的光谱图像如图 3.15、图 3.16 所示。

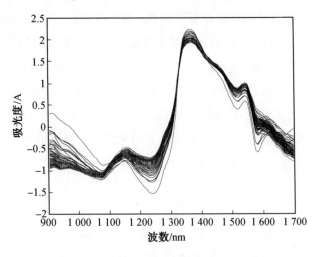

图 3.15　带壳红松籽变量标准化校正光谱图

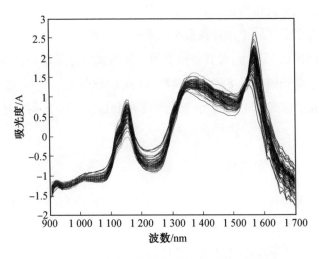

图 3.16　去壳红松仁变量标准化校正光谱图

3.5　特征波段的选取

全波段光谱范围内的数据信息量大,含有较多的冗余信息,并且在某些光谱波段范围内的数据差异较小,无法提供有效的成分定量分析所需的信息;与此同时,波长采集点数目过多,会在构建模型的过程中带来大量的数据计算工作,处理耗时较长,进而对检测的速率会产生影响;此外某些波段的信噪比较低,使得模型的预测精确度也会有所降低。综上所述,在模型的构建过程中,对全波段光谱有效区域和波段的选取是十分必要的。选取有效的波长,可以提高模型的稳定性和可靠性。本书中采用间隔偏最小二乘法(Interval Partial Least Squares,iPLS)、反向间隔偏最小二乘法(Backward Interval Partial Least Squares,BiPLS)、无信息变量消除法(Elimination of Uninformative Variables, UVE)对经过相应相对较优的预处理结果的光谱进行波段的选取,以探讨不同光谱波段筛选方法对红松籽近红外数学模型精度的影响。

3.5.1　间隔偏最小二乘法

间隔偏最小二乘法(iPLS)是建立在偏最小二乘法基础之上的,利用 iPLS 优选波段的方法,可以构建出预测效果较好的模型。其算法步骤如下。

(1) 在全光谱波段内进行 n 个子区间的划分。

(2) 在各个子区间上进行偏最小二乘法的计算,并采用留一交互验证法分别建立各区间的回归模型,计算各模型的交互验证均方根误差(RMSECV)。

(3) 建立全光谱波段下的回归模型,计算 RMSECV。

(4) 选取子区间 RMSECV 小于全波段 RMSECV 的子区间构建最终的偏最小二乘模型。

3.5.2　反向间隔偏最小二乘法

反向间隔偏最小二乘法(BiPLS)是在间隔偏最小二乘法基础之上发展起来的,是一种只出不进的优选波段方法。其算法步骤如下。

(1) 在全光谱波段内进行 n 个子区间的划分。

(2) 依次去掉一个子区间,在剩余的 $(n-1)$ 个子区间上构建偏最小二乘回归模型,则可以得到 n 个偏最小二乘模型,分别计算各个模型的 RMSECV,找出 n 个模型中 RMSECV 最小的模型及其子区间组合形式,则该模型的子区间个数为 $(n-1)$ 个,信息量最差的子区间被剔除。

(3) 对步骤(2)中寻找到的 $(n-1)$ 个子区间重复步骤(2),寻找到 RMSECV 最小的模型及其 $(n-2)$ 个子区间的组合形式,则 $(n-1)$ 个子区间中含有最差信息量的子区间又被剔除了。

(4) 如此继续重复步骤(3),直至仅剩下 1 个子区间为止。

（5）选取所有回归模型中 RMSECV 最小的区间组合为最优波段组合，构建最终的偏最小二乘回归模型。

运算开始时，BiPLS 构建的模型的 RMSECV 会随着组合区间数的减少而减小，当达到最小值时，RMSECV 又会逐渐变大。

3.5.3 无信息变量消除法

无信息变量消除法（UVE）是基于分析偏最小二乘回归系数可靠性的变量筛选方法，可以实现对无法提供有效信息的波长点数据的剔除。浓度矩阵 Y 和光谱矩阵 X 存在这样的线性关系，即

$$Y = bX + e \tag{3.25}$$

其中，b 表示回归系数向量；e 表示误差向量。无信息变量消除法的基本原理是，将与光谱数据矩阵维数相同的随机噪声矩阵加入到原始光谱矩阵中，通过交叉验证逐一剔除法构建偏最小二乘回归模型，实现回归系数矩阵 B 的求取，对回归系数矩阵中的回归系数向量 b 的均值和其标准差的商 C 的可靠性进行分析，即

$$C_i = \frac{\mathrm{mean}(b_i)}{S(b_i)} \tag{3.26}$$

其中，i 表示光谱矩阵中的第 i 列向量；$\mathrm{mean}(b)$ 表示回归系数向量 b 的均值，$S(b)$ 表示回归系数向量 b 的标准差。根据 C_i 绝对值的大小决定最终是否保留光谱矩阵中的第 i 列向量。其算法步骤如下。

（1）对浓度矩阵 $Y_{n \times 1}$ 和光谱矩阵 $X_{n \times m}$ 进行偏最小二乘法计算，选取出最佳的主因子数 f，其中，n 表示样品数目，m 表示波长变量数目。

（2）人为产生一随机噪声矩阵 $R_{n \times m}$，并构建出 $XR_{n \times 2m}$ 的新的矩阵形式，其中，该矩阵的前 n 列为光谱矩阵 X，后 n 列为噪声矩阵 R。

（3）将新的矩阵 $XR_{n \times 2m}$ 与浓度矩阵 $Y_{n \times 1}$ 进行偏最小二乘回归，完成每次剔除一个样品的交叉验证，进而得到 n 个偏最小二乘回归系数矩阵 $B_{n \times 2m}$。

（4）按列依次对回归系数矩阵 $B_{n \times 2m}$ 的均值 $\mathrm{mean}(b)$ 和标准差 $S(b)$ 进行计算，进而求得 $C_i = \dfrac{\mathrm{mean}(b_i)}{S(b_i)}$，其中，$i = 1, 2, \cdots, 2m$。

（5）在 $[m+1, 2m]$ 区间取 C 的最大绝对值，即 $C_{\max} = \max(\mathrm{abs}(C))$。

(6) 在 $[1, m]$ 区间剔除掉光谱矩阵 $\boldsymbol{X}_{n \times m}$ 对应的 $\boldsymbol{C}_i < \boldsymbol{C}_{max}$ 的波长变量,将剩余的波长变量组成新的光谱矩阵 $\boldsymbol{X}_{UVE}$,并用该矩阵构建最终的偏最小二乘模型。

3.6　本章小结

在本章中,首先对本书中相关的近红外光谱分析的基本理论进行了深入阐述,以便为后续的红松籽内部品质检测研究打下坚定的理论基础;由于选取的校正集红松籽样品需具有较好的代表性,因此对本书采用的基于欧式距离的 Kennard - Stone 校正集划分方法进行了详细的阐述;然后对红松籽近红外光谱数据的采集光谱仪器进行了技术参数说明,同时给出了带壳红松籽和去壳红松仁的近红外光谱数据的获取方法,并对获得到的近红外光谱响应特性数据进行了翔实的分析讨论,以表明采用近红外光谱分析技术对红松籽内部成分定量分析的可行性与可靠性;给出了基于近红外光谱分析技术的红松籽内部成分定量无损检测的数学模型的建立流程;由于原始光谱数据含有噪声等干扰信息,因此阐述了导数、多元散射校正、矢量归一化、变量标准化校正的预处理方法,并给出了带壳红松籽和去壳红松仁经上述 4 种预处理方法后得到的光谱图形;全波段光谱范围内的数据信息量大,含有较多的冗余信息,为此在本章的最后对本书采用的 3 种特征波段选取方法,即反向间隔偏最小二乘法、间隔偏最小二乘法、无信息变量消除法进行了深入的探讨。通过本章内容的介绍,为后续红松籽内部脂肪、蛋白质、水分近红外无损分析,打下了理论基础,也为后续实验的进行提供了基础数据。

第4章 红松籽脂肪近红外光谱的无损检测研究

红松籽中的脂肪较高。脂肪是由一个甘油分子支架和连接在其支架上的3个分子的脂肪酸组成,其中甘油的分子结构比较简单,而脂肪酸的种类和长短却各不相同,因此脂肪的性能和作用主要取决于脂肪酸。红松仁中脂肪酸各种类含量如表4.1所示。

表4.1 红松仁中脂肪酸含量

脂肪酸名称	含量/$[\text{g} \cdot (100 \text{ g})^{-1}]$
硬脂酸	2.09
棕榈油	4.71
油酸	28.40
亚油酸	48.06
亚麻酸	14.60
花生四烯酸	2.10
不饱和脂肪酸	93.20

由表4.1可知,红松仁中大部分为不饱和脂肪酸、亚油酸和油酸,对人体的健康十分有益,其中不饱和脂肪酸对降低血脂、血压和预防心血管疾病有一定的功效,而亚油酸在经过人体的消化吸收后可以转化为EPA和DHA,能够促进脑部和视网膜的发育,对视力退化以及老年痴呆有一定的预防作用,此外,脂肪还可润滑大肠,有通便的作用,其缓泻而不伤身,非常适合于体弱、年老、孕妇服用。红松仁中的脂肪含量对红松籽的储藏品质有一定的影响,油脂酸败会使红松仁产生异味,缩短红松籽的储藏寿命。因此,红松籽中的脂肪不仅可以作为评定红松籽果实营养价值的重要依据,还对红松籽的储藏时间起到了决定性作

用。 目前红松籽脂肪提取方法主要采用食品安全国家标准GB/T 5009.6—2003《食品中脂肪的测定》中的索氏提取法的化学分析方法,该方法步骤烦琐、检测耗时较长,并且由于需要大量的挥发性溶剂,在检测过程中会危害到检测人员的身体健康,红松籽在经过检测后也无法继续使用。

近红外光谱分析检测在农副产品脂肪检测中已得到了广泛的应用,Aernouts 等人利用可见/近红外光谱分析技术在 400 ~ 1 000 nm 波长范围内对生鲜乳的脂肪等指标进行了检测,实现了奶牛健康状况的实时监控。孙晓明等人采用 SupNIR - 1000 近红外光谱仪,在 1 000 ~ 1 799 nm 光谱范围内对牛肉和肉馅的脂肪含量进行检测研究,其整块牛肉和肉馅的脂肪模型预测相关系数分别为 0.810 和 0.972;李学富在波长范围 700 ~ 1 600 nm 对羊肉的近红外高光谱图像进行了采集,结合传统的化学计量学方法,构建了羊肉脂肪预测模型,实验结果表明,该模型的预测相关系数为 0.95,预测标准误差为 0.40;刘魁武等人利用 USB4000 近红外光谱仪,在波长 350 ~ 1 100 nm 范围内对不同储藏温度的冷鲜猪肉糜进行了扫描,分别构建了 0 ~ 4 ℃ 和 20 ℃ 的脂肪模型,猪肉糜在 0 ~ 4 ℃ 构建的脂肪模型质量更加。

然而利用近红外光谱分析方法对红松籽脂肪进行定量检测的研究几乎还未开展。

在本章的研究中,拟采用近红外光谱分析方法在 900 ~ 1 700 nm 波长范围下对红松籽脂肪进行定量检测研究。分别利用第 3 章中介绍的一阶导数(1 - Der)、二阶导数(2 - Der)、变量标准化校正(SNV)、矢量归一化(VN)、多元散射校正(MSC)的预处理方法对原始近红外光谱数据进行处理,并分别构建偏最小二乘(PLS)定量分析模型,分析讨论不同光谱预处理方法对红松籽脂肪建模精度的影响,经过对比分析选定相对较好的预处理方法,在预处理结果的基础上,分别利用第 3 章中介绍的间隔偏最小二乘法(iPLS)、反向间隔偏最小二乘法(BiPLS)、无信息变量消除法(UVE)进行特征波段的选取,并分别建立全波段及特征波段下的 PLS 数学模型,通过比较分析进而确定相对较优的波段选取方法以及适合建模的波段范围,并最终构建出质量较好的带壳红松籽和去壳红松仁的脂肪近红外数学模型,以期实现对带壳红松籽和去壳红松仁高效、准确、快速的脂肪定量无损检测。

4.1　红松籽脂肪理化分析值的获取

采用食品安全国家标准 GB/T 5009.6—2003 中的第一法——索氏提取法,对红松籽样品的脂肪进行测定。则脂肪测定的过程是,将滤纸叠成一边不封口的纸包放在培养皿中,将其移入(105±2) ℃ 烘箱中干燥 2 h,取出放入干燥器中冷却至室温,将滤纸包放入称量瓶中进行称重(天平感量为:0.000 1 g),记作质量 m_1;将粉碎后的红松籽样品放入滤纸包中,封好包口,放入(105±2) ℃ 的烘箱中干燥 3 h,取出放入干燥器中冷却至室温,放入称量瓶中称重,记作质量 m_2;利用索氏脂肪抽提器乙醚抽提 6 ~ 12 h,抽提完毕后,用长镊子取出滤纸包,在通风处使乙醚挥发,待乙醚挥发后,将滤纸包置于(105±2) ℃ 烘箱中干燥 2 h,放入干燥器冷却至恒重为止,记作质量 m_3。则根据蒸去乙醚溶剂所得的物质,可以实现脂肪的测定,脂肪的计算公式如下式:

$$X = \frac{m_2 - m_3}{m_2 - m_1} \times 100 \tag{4.1}$$

其中,X 表示红松籽样品中脂肪的含量,单位为 g/100 g。则选取的红松籽样品脂肪的分布结果如图 4.1 所示。

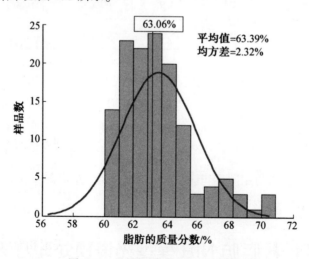

图 4.1　红松籽样品脂肪分布结果

图 4.1 中的纵坐标表示样品数量。由图 4.1 可知,红松籽样品脂肪平均值为 63.39%,均方差为 2.32%,图中 63.06% 为中位数,样品的脂肪分布在

60% ~71% 之间,差异较广,能够较全面地代表红松籽的脂肪信息,表明了实验中选取的红松籽样品的合理性,也表明了这些红松籽样品能够满足构建近红外模型的基本要求。

4.2 红松籽脂肪 NIR 模型校正集样品的选取

为了实现对具有代表性的校正集红松籽样品的选取,样品集的划分采用第 3 章中介绍的 Kennard – Stone(K – S) 方法来实现,按照 3∶1 的比例进行校正集与验证集的划分,划分结果如表 4.2 所示。

表 4.2 红松籽样品脂肪划分结果

样品集	样品	脂肪的质量分数 /%			S. D.
		最大值	最小值	均值	
总体	134	70.93	60.04	63.38	2.32
校正集带壳红松籽	104	70.93	60.04	63.57	2.45
验证集带壳红松籽	30	68.14	60.40	62.69	1.64
校正集去壳红松仁	104	70.93	60.04	63.56	2.50
验证集去壳红松仁	30	65.24	60.58	62.74	1.38

由表 4.2 可知,验证集带壳红松籽和去壳红松仁样品的脂肪分布分别在 60.40% ~ 68.14%、60.58% ~ 65.24% 之间,其覆盖范围小于校正集红松籽脂肪变化范围(60.04% ~ 70.93%),表明了红松籽样品校正集所构建的脂肪模型能较好地适用于验证集样品。由于去壳红松仁与带壳红松籽的光谱响应特征存在差异,尽管脂肪相同,但其光谱 – 理化值共生距离却存在差异,因此选定的校正集中的样品并不相同。

4.3 红松籽脂肪 NIR 模型光谱预处理方法的选择

本书分别采用一阶导数(1 – Der)、二阶导数(2 – Der)、变量标准化校正(SNV)、矢量归一化(VN)、多元散射校正(MSC) 方法对带壳红松籽及去壳红松仁的原始光谱数据进行预处理,采用偏最小二乘回归方法(PLS),分别建立原始光谱以及经上述不同光谱预处理方法后的红松籽脂肪近红外数学模型,通过对比分析各个模型的校正集相关系数(R_c)、验证集相关系数(R_p)、校正集均方根误差(RMSEC)、验证集均方根误差(RMSEP)来对模型质量的优劣进行评价,从而实现相对较优的光谱预处理方法的选取。

　　由第 3 章内容可知,求导窗口宽度的大小会影响光谱预处理的效果,在利用导数预处理方法对原始光谱进行处理时,需要对其相对较佳的求导窗口宽度进行选取,因此分别设定不同的窗口宽度来对原始光谱数据进行导数预处理,并分别建立相应的脂肪 PLS 模型,通过比较各模型的交叉验证均方根误差(RMSECV)值来确定求导窗口的宽度,则窗口宽度与 RMSECV 的关系图如图4.2 所示。

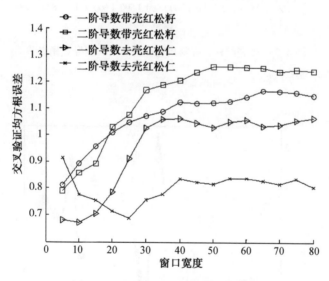

图 4.2　不同窗口宽度求导模型结果

　　由图 4.2 可知,1 - Der、2 - Der 窗口宽度均取 5 时对带壳红松籽光谱进行预处理,构建的脂肪 PLS 模型 RMSECV 值最小;1 - Der、2 - Der 窗口宽度分别取 10、25 时对去壳红松仁光谱进行预处理,构建的脂肪 PLS 模型 RMSECV 值最小,则在上述相应相对较佳的窗口宽度下分别对带壳红松籽和去壳红松仁原始光谱数据进行导数处理,得到的光谱图像如图 4.3 ~ 4.6 所示。

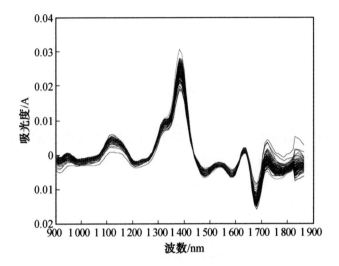

图 4.3　带壳红松籽在窗口宽度为 5 时一阶导数光谱图

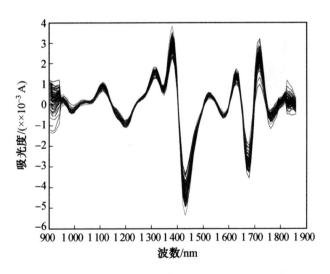

图 4.4　带壳红松籽在窗口宽度为 5 时二阶导数光谱图

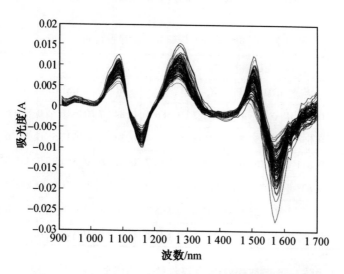

图 4.5　去壳红松仁在窗口宽度为 10 时一阶导数光谱图

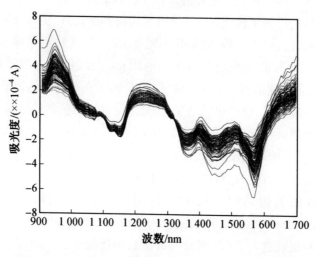

图 4.6　去壳红松仁在窗口宽度为 25 时二阶导数光谱图

对带壳红松籽和去壳红松仁的原始光谱数据分别采用多种不同预处理方法进行处理,并分别建立红松籽样品脂肪 PLS 回归模型,模型参数的对比结果如表4.3所示。

表4.3 不同预处理方法建立红松籽脂肪 PLS 模型

预处理方法	带壳红松籽			RMSEP	去壳红松仁			RMSEP
	R_c	RMSECP	R_p		R_c	RMSEC	R_p	
未处理	0.792 4	0.828 1	0.741 7	0.888 5	0.848 7	0.681 5	0.809 6	0.727 3
VN	0.856 8	0.752 5	0.810 5	0.816 7	0.838 6	0.692 5	0.791 6	0.753 3
1 – Der	0.811 2	0.805 6	0.786 2	0.838 7	0.878 6	0.650 8	0.836 3	0.695 0
2 – Der	0.838 8	0.777 5	0.797 1	0.825 2	0.858 1	0.671 8	0.821 2	0.715 1
SNV	0.798 1	0.820 5	0.762 8	0.865 6	0.841 8	0.688 7	0.799 8	0.737 8
MSC	0.792 6	0.827 7	0.757 5	0.871 8	0.826 4	0.716 3	0.778 2	0.766 9

由表4.3可知,带壳红松籽与去壳红松仁的脂肪 PLS 数学模型存在着一定的差异,这是由于红松籽壳的干扰而产生的结果,但通过对带壳红松籽原始近红外光谱数据的分析仍可以获取到关于红松籽脂肪的有效信息。采用本章中选取的预处理方法对带壳红松籽的原始光谱数据进行处理后,其构建的各个模型的评价参数均得到了优化,模型的质量均得到了提高,其中 SNV、MSC 对带壳红松籽光谱进行预处理后,效果并不明显,说明这两种预处理方法对带壳红松籽光谱数据中脂肪信息的提取能力有限;去壳红松仁光谱经过 VN、SNV、MSC 预处理后,构建的模型质量下降了,这是由于在预处理的过程中使光谱的真正有效信息减少了,而产生的结果,经过求导处理后模型的质量提高了,说明经过求导预处理后特征信息被有效提取了,但经 2 – Der 预处理后构建的模型质量低于 1 – Der 构建的模型,说明在 2 – Der 预处理的过程中虽然消除了基线和背景的干扰,但也在一定程度上放大了噪声。带壳红松籽原始光谱数据经过 VN 预处理方法后构建的脂肪 PLS 模型质量相对更佳,其校正集 R_c 为 0.856 8,RMSEC 为 0.752 5,验证集 R_p 为 0.810 5,RMSEP 为 0.816 7;去壳红松仁原始光谱数据经过 1 – Der 预处理方法后构建的脂肪 PLS 模型质量相对更优,其校正集 R_c 为 0.878 6,RMSEC 为 0.650 8,验证集 R_p 为 0.836 3,RMSEP 为 0.695 0。

对带壳红松籽与去壳红松仁脂肪的特征波段选取工作均在此预处理结果基础上展开进一步的研究。

4.4　适合红松籽脂肪 NIR 建模波段范围的选取

　　分割数的不同取值会对 iPLS - PLS、BiPLS - PLS 模型产生不同的影响,分割数取值较大时,计算的工作量大,建模的复杂程度高,不能有效地减少变量数目;分割数取值较小时,某些信息量较好的区间会被剔除。图 4.7、图 4.8 所示为分割数取值为 10、15、20、25、30 时的不同红松籽脂肪 iPLS - PLS、BiPLS - PLS 模型的 RMSECV 结果,以此来说明不同分割数对建模精度的影响。

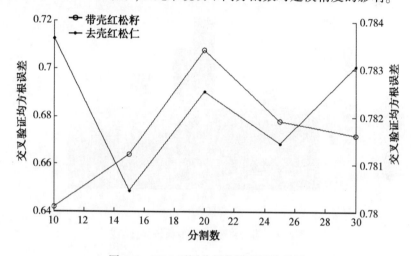

图 4.7　iPLS 不同分割数模型评价结果

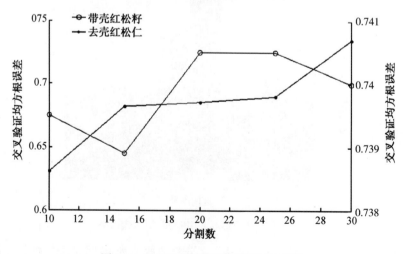

图 4.8　BiPLS 不同分割数模型评价结果

由图4.7可知,分割数取10时带壳红松籽脂肪iPLS – PLS模型的RMSECV最小;分割数取15时去壳红松仁脂肪iPLS – PLS模型的RMSECV最小。由图4.8可知,分割数取15时带壳红松籽脂肪BiPLS – PLS模型的RMSECV最小;分割数取10时去壳红松仁脂肪BiPLS – PLS模型的RMSECV最小。

iPLS对带壳红松籽和去壳红松仁脂肪的波段筛选结果如图4.9、图4.10所示,直虚线为全光谱波长范围下经过相应相对较优的预处理方法后构建模型的RMSECV,直虚线以下的波段区间为筛选保留的区间。

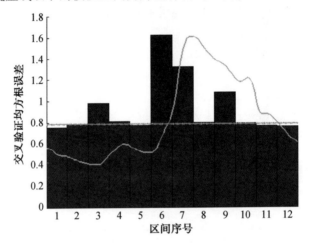

图4.9 带壳红松籽iPLS波段筛选结果

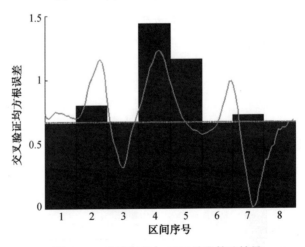

图4.10 去壳红松仁iPLS波段筛选结果

图4.9为经过VN预处理方法后,在分割数取值为10时带壳红松籽光谱的脂肪iPLS优选波段结果,其保留的波段区间组合为1、2、5、11、12,对应的波长

范围为906.9 ~ 1 036.67 nm、1 180.1 ~ 1 241.57 nm、1 589.9 ~ 1 699.18 nm;
图4.10为经过1 – Der预处理方法后,在分割数取值为15时去壳红松仁光谱的
脂肪 iPLS 优选波段结果,其保留的波段区间组合为1、3、6、8,对应的波长范围
为906.9 ~ 1 002.52 nm、1 111.8 ~ 1 207.42 nm、1 419.15 ~ 1 514.77 nm、
1 624.05 ~1 699.18 nm。

　　带壳红松籽和去壳红松仁的脂肪 BiPLS 波段筛选结果如图4.11、图4.12
所示,背景部分的光谱为筛选保留下的波段。

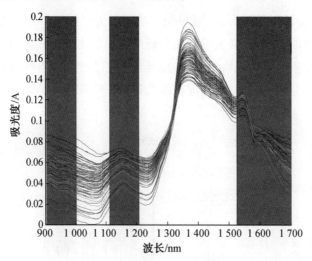

图 4.11　带壳红松籽 BiPLS 波段筛选结果

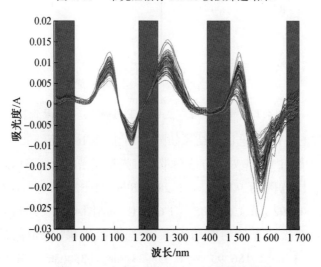

图 4.12　去壳红松仁 BiPLS 波段筛选结果

　　图 4.11 为经过 VN 预处理方法后,在分割数取值为 15 时带壳红松籽光谱的脂肪 BiPLS 优选波段结果,其保留的波段区间组合为 1、3、7、8,对应的波长范围为 906.9 ~ 1 002.52 nm、1 111.8 ~ 1 207.42 nm、1 521.6 ~ 1 699.18 nm;图 4.12 为经过 1 - Der 预处理方法后,在分割数取值为 10 时去壳红松仁光谱的脂肪 BiPLS 优选波段结果,其保留的波段区间组合为 1、5、7、12,对应的波长范围为 906.9 ~ 968.37 nm、1 180.1 ~ 1 241.57 nm、1 400.08 ~ 1 474.4 nm、1 658.2 ~ 1 699.18 nm。

　　采用 UVE 波段筛选方法,对带壳红松籽和去壳红松仁脂肪适合建模的波段范围进行选取,则波长变量可靠性分析结果如图 4.13、图 4.14 所示,其中实曲线为波长变量数据可靠性分析的分布结果,波动较大实曲线为引入的噪声变量数据可靠性分析的分布结果,虚直线为阈值上下限,在 2 条虚线外的波长变量被保留。

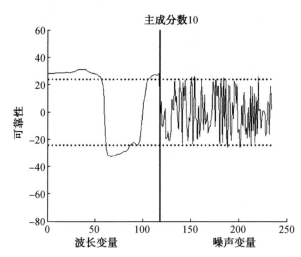

图 4.13　带壳红松籽变量 UVE 可靠性分析结果

　　对应得到的 UVE 筛选波段结果如图 4.15、图 4.16 所示。

　　图 4.15 为经过 VN 预处理方法后带壳红松籽光谱的脂肪 UVE 筛选波段结果,保留的波长范围为 906.9 ~ 1 282.55 nm、1 323.53 ~ 1 494.28 nm、1 542.09 ~ 1 548.92 nm、1 624.05 ~ 1 699.18 nm;图 4.16 为经过 1 - Der 预处理方法后去壳红松仁光谱的脂肪 UVE 筛选波段结果,保留的波长范围为 906.9 ~ 1 111.8 nm、1 186.93 ~ 1 255.23 nm、1 330.36 ~ 1 371.34 nm、1 514.77 ~ 1 630.88 nm、1 651.37 ~ 1 699.18 nm。

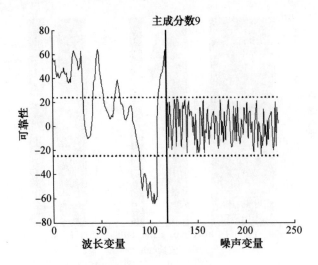

图 4.14　去壳红松仁变量 UVE 可靠性分析结果

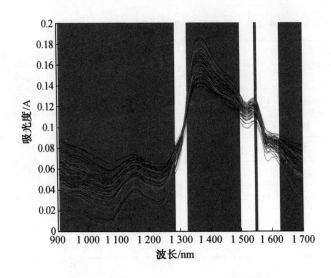

图 4.15　带壳红松籽 UVE 波段筛选结果

分别在全波段、筛选保留的特征波段范围下建立带壳红松籽和去壳红松仁的脂肪 PLS 数学模型,通过对相关系数和均方根误差参数值的对比,来确定模型质量的优劣。模型评价结果如表 4.4 所示。

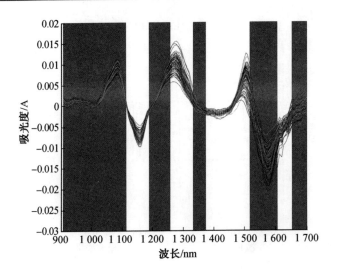

图 4.16　去壳红松仁 UVE 波段筛选结果

表 4.4　全波段和特征波段下模型评价结果

样品	方法	变量数	R_c	RMSEC	R_p	RMSEP
带壳红松籽	PLS	117	0.856 8	0.752 5	0.810 5	0.816 7
	iPLS – PLS	47	0.881 1	0.729 3	0.841 2	0.777 0
	BiPLS – PLS	57	0.889 2	0.719 8	0.852 9	0.765 1
	UVE – PLS	96	0.869 8	0.740 9	0.821 2	0.797 4
去壳红松仁	PLS	117	0.878 6	0.650 8	0.836 3	0.695 0
	iPLS – PLS	57	0.892 7	0.635 3	0.862 9	0.666 2
	BiPLS – PLS	37	0.911 4	0.615 5	0.882 0	0.646 8
	UVE – PLS	73	0.882 8	0.645 7	0.840 8	0.688 9

　　由表 4.4 可知,通过采用不同的方法,对带壳红松籽和去壳红松仁光谱进行特征波段的选取,其构建的各脂肪 PLS 模型质量与全波段范围下构建的脂肪 PLS 模型质量相比,均有所提高,达到了减少变量数量、优化模型评价参数的目的。但不同的波段选取方法,对脂肪 PLS 模型质量的提高程度有所不同。BiPLS – PLS 模型质量更优,这主要是因为根据 3.2.3.1 节的内容可知,脂肪 C—H 键倍频特征吸收的响应谱带在 1 600 ～ 1 800 nm、1 100 ～ 1 200 nm、950 ～ 1 020 nm,经 BiPLS 筛选保留的特征响应谱带分别对应了脂肪 C—H 键的

一级倍频、二级倍频和三级倍频,光谱数据中多数无关的冗余信息被有效地剔除了;iPLS 虽然消除了多数冗余信息,但由于将各分割波段区间单独考虑,没有考虑它们之间的联系,因此波段选择不够准确;UVE 方法对带壳红松籽和去壳红松仁光谱进行波段选取后,保留的冗余信息较多,使得模型的预测精确度提高得不多。

带壳红松籽脂肪 BiPLS – PLS 模型的验证集 R_p 为 0.852 9,RMSEP 为 0.765 1;去壳红松仁脂肪 BiPLS – PLS 模型的验证集 R_p 为 0.882 0,RMSEP 为 0.646 8。因此,在构建红松籽样品脂肪近红外数学模型的过程中,采用 BiPLS 方法进行波段的选取是更为合适的,其能够更有效地实现冗余信息的剔除,更好地实现模型质量的提升。

4.5 红松籽脂肪 NIR 数学模型的验证

分别采用经相应相对较优的预处理方法后,BiPLS 优选的特征波段范围下构建的数学模型,对验证集带壳红松籽、去壳红松仁样品的脂肪进行预测,得到的最终脂肪理化分析值(测定值) 与预测值的对比情况如图 4.17、图 4.18 所示。用偏差来描述预测结果的准确性,则偏差 M 的公式为

$$M = Y - X \tag{4.2}$$

其中,Y 表示预测值;X 表示测定值。则平均偏差绝对值 $\overline{M}_{abs}$ 的计算公式为

$$\overline{M}_{abs} = \frac{\sum_{i=1}^{n} |Y_i - X_i|}{n} \tag{4.3}$$

其中,Y_i 和 X_i 分别表示验证集第 i 份样品的预测值和测定值;n 表示验证集样品数量。

图 4.17、图 4.18 中的横坐标分别依次表示验证集带壳红松籽和去壳红松仁样品。由图 4.17、图 4.18 可知验证集带壳红松籽、去壳红松仁的脂肪预测值均分别围绕其测定值上下波动,且波动范围较均匀,其中,带壳红松籽样品脂肪预测值与测定值的 $\overline{M}_{abs}$ 为 0.65% ;去壳红松仁样品脂肪预测值与测定值的 $\overline{M}_{abs}$ 为 0.53% ,表明了预测结果的可靠性。

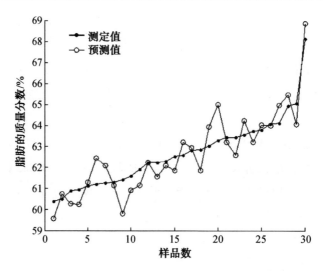

图 4.17　带壳红松籽脂肪模型预测结果

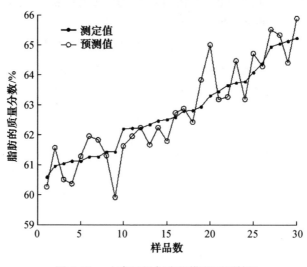

图 4.18　去壳红松仁脂肪模型预测结果

4.6　本章小结

本章利用便携式近红外光谱仪 NIR – NT – spectrometer – OEM – system 在 900 ~ 1 700 nm 范围内对红松籽脂肪进行了定量无损检测研究。采用 Kennard –Stone 方法实现校正集和验证集的划分;采用不同预处理方法对带壳红松籽和去壳红松仁光谱数据进行预处理,在预处理结果的基础上采用 iPLS、

BiPLS、UVE 方法对带壳红松籽和去壳红松仁的脂肪建模波段范围进行了筛选。具体研究结果如下。

（1）对带壳红松籽和去壳红松仁选取合适的预处理方法，能够提升模型的质量，其中，原始带壳红松籽光谱数据经过 VN 预处理后构建的脂肪 PLS 模型质量更佳，原始去壳红松仁光谱数据经过 1 – Der 预处理后构建的脂肪 PLS 模型质量更优。

（2）经 BiPLS 筛选波段后构建的模型质量更为理想，实现大量冗余信息消除的同时，还保留了脂肪中 C—H 等功能基团的倍频吸收的特征响应谱带，达到了筛选波段的目的。对于带壳红松籽样品，在分割数为 15 的情况下 BiPLS – PLS 模型质量更佳，其保留的建模波长范围为：906. 9 ~ 1 002. 52 nm、1 111. 8 ~ 1 207. 42 nm、1 521. 6 ~ 1 699. 18 nm，构建的带壳红松籽脂肪 PLS 模型 R_p 为 0. 852 9，RMSEP 为 0. 765 1，验证集预测平均偏差绝对值 $\bar{M}_{abs}$ 为 0. 65% ；对于去壳红松仁样品，在分割数为 10 的情况下 BiPLS – PLS 模型质量更优，其保留的建模波长范围为：906. 9 ~ 968. 37 nm、1 180. 1 ~ 1 241. 57 nm、1 400. 08 ~ 1 474. 4 nm、1 658. 2 ~ 1 699. 18 nm，构建的去壳红松仁脂肪 PLS 模型 R_p 为 0. 882 0，RMSEP 为 0. 646 8，验证集预测平均偏差绝对值 $\bar{M}_{abs}$ 为 0. 53% 。 由此可见，本章构建的带壳红松籽、去壳红松仁脂肪近红外模型的预测结果是可靠的，实现了对红松籽脂肪的定量无损检测。

下一章中将采用近红外光谱分析技术对红松籽蛋白质展开无损分析检测研究，以期更全面地实现对红松籽内部成分的定量无损检测研究。

第5章　红松籽蛋白质近红外光谱的无损检测研究

红松籽中的蛋白质比较高,在13% ~ 20% 之间。松仁中的蛋白质可以使人体能量消耗的速度有所降低,并且能够对人的疲倦乏力感进行抑制。蛋白质的营养价值由其氨基酸的种类和含量决定,红松仁中氨基酸各种类含量如表5.1所示。

表5.1　红松仁中氨基酸含量

氨基酸名称	含量 /[mg · (100 g)$^{-1}$]
天冬氨基酸(Asp)	2.034
苏氨酸(Thr)	0.931
丝氨酸(Ser)	1.451
谷氨酸(Glu)	3.462
脯氨酸(Pro)	1.661
甘氨酸(Gly)	0.842
丙氨酸(Ala)	1.448
胱氨酸(Cys)	0.516
缬氨酸(Val)	1.271
蛋氨酸(Met)	0.871
异亮氨酸(Ile)	0.855
亮氨酸(Leu)	1.935
酪氨酸(Tyr)	0.462
苯丙氨酸(Phe)	1.444
赖氨酸(Lys)	1.266
组氨酸(His)	0.236
精氨酸(Ayg)	0.915
色氨酸(Try)	0.194

由表 5.1 可知,红松仁中含有 18 种氨基酸组分,其中有 8 种为人体必需的氨基酸;此外松仁中谷氨酸最高,通过临床实验表明,谷氨酸对因脑血管障碍而引起的小儿智力不全以及精神分裂症有很好的治疗作用。因此,红松籽中的蛋白质可以作为评定其果实营养价值的重要依据。传统的蛋白质提取方法有 Lowry 法、凯氏定氮法以及甲醛滴定法等破坏性的化学分析方法,其中 Lowry 法是基于蛋白与酸式剂的非特效反应,因此其抗干扰的能力差;凯氏定氮法则存在消化时间长及需要特定的凯氏定氮装置等的不足;而甲醛滴定法的操作步骤较为烦琐且仪器昂贵。

近红外光谱分析技术作为一种快速、无损的检测手段已在农副产品蛋白质检测中得到了广泛的应用,Tilo Schonbrodt 等人在 800 ~ 1 666 nm 波长范围内采用偏最小二乘回归构建了油脂埋植剂释放的蛋白质近红外数学模型,其模型预测的标准误差在 57 ~ 176 μg 之间;Svenssona 等人在全光谱波段范围内对构建了腌制鳕鱼的 PLS 近红外蛋白质数学模型,结果表明,该模型的相关系数为 0.93;张中卫等人在 900 ~ 1 700 nm 范围内采用微型近红外光纤光谱仪对奶粉中的蛋白质进行了无损检测分析,结果表明,其预测集标准差(SEP)为 0.768;黄维等人在全谱范围内对方竹笋粉末进行了多次扫描,并在经反向间隔偏最小二乘法选取的波段范围内,建立了方竹笋的蛋白质近红外数学模型,该模型的交互验证均方根误差(RMSECV)为 0.321。

然而利用近红外光谱分析方法对红松籽蛋白质进行定量检测的研究几乎还未开展。

在本章的研究中,拟采用第 3 章中介绍过的便携式光谱仪 NIR - NT - spectrometer - OEM - system 分别对带壳红松籽和去壳红松仁样品进行扫谱测定,结合传统的凯氏定氮法,分别建立原始光谱、一阶导数(1 - Der)、二阶导数(2 - Der)、变量标准化校正(SNV)、矢量归一化(VN)、多元散射校正(MSC)的偏最小二乘(PLS)定量分析模型,通过比较模型参数,以确定相对较优的光谱预处理方法,并在此基础上进一步分别利用反向间隔偏最小二乘法(BiPLS)、无信息变量消除法(UVE),实现对光谱特征波段的选取,经过对比分析选定相对较好的波段选取方法及适合建模的波段范围,进而达到降低模型运算时间、计算复杂程度,提高模型预测能力和精确度的目的。期望通过本章的研究能够实现对红松籽蛋白质的快速定量无损检测。

5.1　红松籽蛋白质理化分析值的获取

采用 GB 5009.5—2010《食品安全国家标准　食品中蛋白质的测定》中的第一法——凯氏定氮法,对红松籽样品的蛋白质进行测定。则蛋白质测定的过程为,称取红松籽样品,精确至 0.000 1 g,倒入凯氏烧瓶内,加入配置好的硫酸铜与硫酸钾混合剂0.4 ~ 0.5 g,并加入12 mL 浓硫酸,轻摇烧瓶,将消化瓶放在消化架上,消化 3 h;装好定氮装置,于水蒸气发生器内装水约2/3 处,并加入数毫升硫酸和数滴加甲基红指示剂,加热煮沸水蒸气发生瓶内的水;向接收瓶内加入 1 滴混合指示剂和2% 硼酸溶液10 mL,同时使冷凝管的下端插入液面下,吸取10 mL 样品消化液由小玻璃杯流入反应室,并以10 mL 水洗涤小烧杯使之流入反应室,塞紧玻璃塞,在小玻璃杯中倒入40% 氢氧化钠溶液10 mL,提起玻璃塞使其缓慢流入反应室内,开始蒸馏,蒸馏5 min,移动接收瓶,使冷凝管下端离开液皿,再蒸馏 1 min,取下接收瓶,以0.05 mol/L 硫酸或0.05 mol/L 盐酸标准溶液定至灰色或蓝紫色为终点,同时做试剂空白,根据酸的消耗量与换算系数的相乘结果,便可以实现蛋白质含量的测定。蛋白质的计算公式如下:

$$X = \frac{(V_1 - V_2) \times c \times 0.0140}{m \times V_3/100} \times F \times 100 \qquad (5.1)$$

其中,X 表示红松籽中蛋白质的含量,g/100 g;V_1 表示硫酸或盐酸标准滴定液消耗的体积,mL;V_2 表示硫酸或盐酸标准滴定液空白消耗的体积,mL;V_3 表示吸取消化液的体积,mL;c 表示硫酸或盐酸标准滴定溶液浓度,mol/L;m 表示样品的质量,g;F 表示氮换算为蛋白质的系数,本书中取 $F = 6.25$。则选取的红松籽样品蛋白质的分布结果如图 5.1 所示。

图 5.1 中的纵坐标表示样品数量。由图 5.1 可知,红松籽样品蛋白质平均值为 16.46%,均方差为 2.36%,图中 16.11% 为中位数,样品的蛋白质分布在13% ~ 25% 之间,范围较广,表征的红松籽蛋白质信息较全面,可以较理想地作为构建红松籽蛋白质近红外模型的样本。

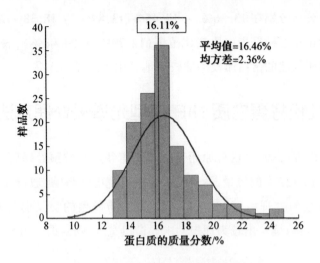

图 5.1　红松籽样品蛋白质分布结果

5.2　红松籽蛋白质 NIR 模型校正集样品的选取

采用 Kennard - Stone(K - S) 方法将红松籽样本集按照 3∶1 的原则划分为校正集与验证集,划分结果如表 5.2 所示。

表 5.2　红松籽样品蛋白质划分结果

样品集	样品	蛋白质的质量分数 /%			S. D.
		最大值	最小值	均值	
总体样品	134	24.98	12.79	16.46	2.36
校正集带壳红松籽样品集	104	24.98	12.79	16.71	2.57
验证集带壳红松籽样品集	30	17.45	13.36	15.58	1.08
校正集去壳红松仁样品集	104	24.98	12.79	16.66	2.58
验证集去壳红松仁样品集	30	18.38	13.89	15.78	1.16

由表 5.2 可知,带壳红松籽和去壳红松仁的校正集样品有明显的差异,这是由于尽管红松籽样品的蛋白质是恒定的,但去壳红松仁与带壳红松籽的光谱响应特征各具备相对独立的特性,因此其基于样品间的欧式距离就会存在差别,故校正集中选定的样品并不完全相同,验证集带壳红松籽和去壳红松仁样

品的蛋白质分布分别在 13.36% ～ 17.45%、13.89% ～ 18.38% 之间,其覆盖范围小于校正集红松籽蛋白质变化范围(12.79% ～ 24.98%),表明了红松籽样品校正集所构建的蛋白质模型能较好地适用于验证集样品。

5.3　红松籽蛋白质 NIR 模型光谱预处理方法的选择

由前述内容可知,红松籽原始近红外光谱经过导数预处理后,构建的蛋白质定量分析 PLS 模型的质量,会受到求导窗口宽度的影响,通过比较不同窗口宽度下经导数预处理后,构建的红松籽蛋白质模型的交叉验证均方根误差(RMSECV),可以确定出较为理想的求导窗口宽度,则结果如图 5.2 所示。

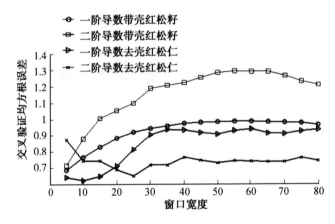

图 5.2　不同窗口宽度求导模型结果

由图 5.2 可知,1 - Der、2 - Der 窗口宽度均取 5 时对带壳红松籽光谱进行预处理,构建的蛋白质 PLS 模型 RMSECV 值最小;1 - Der、2 - Der 窗口宽度分别取 10、25 时对去壳红松仁光谱进行预处理,构建的蛋白质 PLS 模型 RMSECV 值最小。

分别采用一阶导数(1 - Der)、二阶导数(2 - Der)、变量标准化校正(SNV)、矢量归一化(VN)、多元散射校正(MSC)方法对带壳红松籽及去壳红松仁的原始光谱数据进行预处理,并分别建立红松籽样品蛋白质 PLS 回归模型,通过对各个模型参数的对比分析,从而实现相对较优的光谱预处理方法的选取,则结果如表 5.3 所示。

表 5.3　不同预处理方法构建红松籽蛋白质 PLS 模型

预处理方法	带壳红松籽			RMSEP	去壳红松仁			RMSEP
	R_c	RMSEC	R_p		R_c	RMSEC	R_p	
未处理	0.830 8	0.727 3	0.797 9	0.768 8	0.898 8	0.588 3	0.867 4	0.625 0
SNV	0.886 0	0.656 9	0.845 8	0.692 6	0.914 4	0.569 5	0.881 7	0.609 5
MSC	0.878 0	0.669 9	0.841 9	0.697 2	0.912 8	0.571 3	0.879 6	0.612 5
VN	0.887 6	0.654 8	0.853 8	0.691 3	0.876 7	0.616 5	0.841 2	0.656 6
1 – Der	0.876 7	0.671 5	0.837 1	0.702 9	0.884 8	0.607 3	0.849 4	0.647 0
2 – Der	0.864 5	0.685 8	0.829 4	0.732 0	0.864 8	0.629 0	0.833 6	0.665 1

　　由表 5.3 可知,由于红松籽壳的干扰,因此带壳红松籽与去壳红松仁的蛋白质 PLS 数学模型存在着一定的差别,但通过对带壳红松籽原始近红外光谱数据的分析仍可以获取到关于蛋白质的有效信息。采用本章中选取的预处理方法对带壳红松籽的原始光谱数据进行处理后,其构建的各个模型的质量均得到了不同程度的提高;但对去壳红松仁原始光谱进行各种预处理方法后,部分构建的模型质量反而有所下降,这说明了只有合理地选取预处理方法才能够使模型的可靠性被有效地提高。去壳红松仁的原始光谱数据经过 VN 及导数预处理后,构建的模型质量下降了,其中经过 2 – Der 预处理后构建的模型质量最差,这是由于在预处理的过程中,原始光谱数据中部分有效信息被消除了,抑或是由于经过预处理后,引入或放大了噪声等干扰信息,最终使得光谱数据的信噪比下降了而产生的结果;通过对比观察可知,无论是带壳红松籽还是去壳红松仁的原始光谱数据经 MSC 预处理后构建的模型质量与经 SNV 预处理后构建的模型质量并不相同,这是由于,尽管它们都能用于消除样品的散射误差,但它们的校正原理并不相同,MSC 是以假设“理想”光谱来进行矫正的,而 SNV 是将每条光谱看作是满足正态分布的数据来进行处理的。带壳红松籽原始光谱数据经过 VN 预处理方法后构建的蛋白质 PLS 模型质量相对更佳,其校正集 R_c 为 0.887 6,RMSEC 为 0.654 8,验证集 R_p 为 0.853 8,RMSEP 为 0.691 3;去壳红松仁原始光谱数据经过 SNV 预处理方法后构建的蛋白质 PLS 模型质量相对更优,其校正集 R_c 为 0.914 4,RMSEC 为 0.569 5,验证集 R_p 为 0.881 7,RMSEP 为 0.609 5。

对带壳红松籽与去壳红松仁蛋白质适合建模的特征波段范围进行选取的工作,均在此预处理结果基础上展开进一步的研究。

5.4　适合红松籽蛋白质 NIR 建模波段范围的选取

由前述内容可知,在采用 BiPLS 方法,实现对红松籽蛋白质适合建模的波段范围进行选取时,同样要首先确定相对较优的分割数取值,图 5.3 所示为分割数取值为 10、15、20、25、30 时的不同红松籽蛋白质 BiPLS – PLS 模型的 RMSECV 结果,以此来说明不同分割数对建模结果的影响。

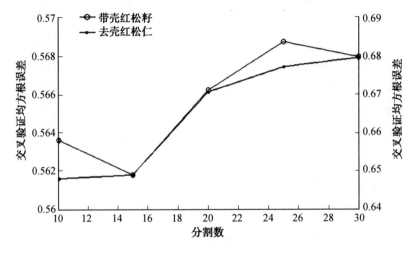

图 5.3　不同分割数模型评价结果

由图 5.3 可知,分割数取值为 15 时带壳红松籽蛋白质 BiPLS – PLS 模型的 RMSECV 最小;分割数取值为 10 时去壳红松仁蛋白质 BiPLS – PLS 模型的 RMSECV 最小。

BiPLS 对带壳红松籽和去壳红松仁蛋白质的波段筛选结果如图 5.4、图 5.5 所示,背景部分的光谱为筛选保留下的波段。

图 5.4 为经过 VN 预处理方法后,在分割数取值为 15 时带壳红松籽光谱的蛋白质 BiPLS 优选波段结果,其保留的波段区间组合为 2、5、6、8,对应的波长范围为 1 009.35 ~ 1 104.97 nm、1 323.53 ~ 1 521.6 nm、1 630.88 ~ 1 699.18 nm;图 5.5 为经过 SNV 预处理方法后,在分割数取值为 10 时去壳红松仁光谱的蛋白质 BiPLS 优选波段结果,其保留的波段区间组合为 2、3、9、12,

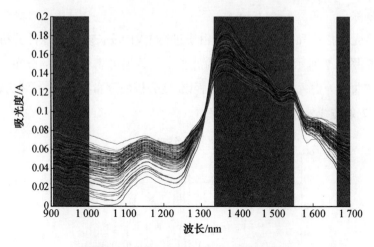

图 5.4　带壳红松籽 BiPLS 波段筛选结果

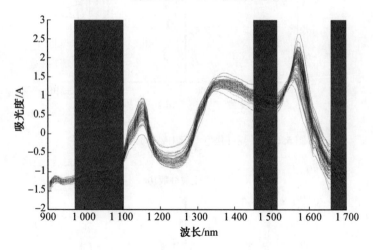

图 5.5　去壳红松仁 BiPLS 波段筛选结果

对应的波长范围为 975. 2 ~ 1 104.97 nm、1 453.3 ~ 1 514.77 nm、1 658.2 ~ 1 699.18 nm。由 3.2.3.2 介绍的内容可知,1 000 ~ 1 100 nm、1 420 ~ 1 520 nm 间的光谱区域为蛋白质 N—H 键倍频与合频特征吸收的响应谱带,筛选保留的特征响应谱带分别与蛋白质 N—H 键的倍频和合频相对应,其中 N—H 键一级倍频叠加了大量蛋白质分子的官能团特征吸收;筛选所得的 1 690 nm 附近的特征响应谱带则与蛋白质的含量及其不同二级结构(β – 折叠、α – 螺旋) 有关,由此表明经过 BiPLS 波段选取方法后,蛋白质属性中比较重要的特征响应谱带被得到了保留,光谱数据中多数无关的冗余信息被有效地得到了剔除。

对带壳红松籽和去壳红松仁蛋白质进行 UVE 波长变量可靠性分析,结果如图 5.6、图 5.7 所示,其中实曲线为波长变量数据可靠性分析的分布结果,波动较大实曲线为引入的噪声变量数据可靠性分析的分布结果,虚直线为阈值上下限,在 2 条虚线外的波长变量被保留。

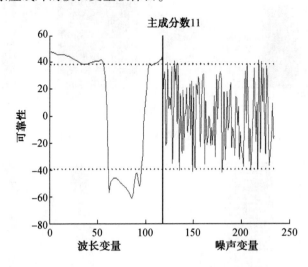

图 5.6　带壳红松籽变量 UVE 可靠性分析结果

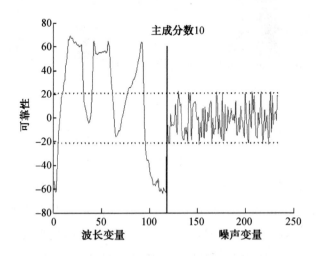

图 5.7　去壳红松仁变量 UVE 可靠性分析结果

对应得到的 UVE 筛选波段结果如图 5.8、图 5.9 所示。

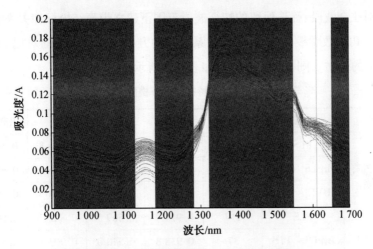

图 5.8　带壳红松籽 UVE 波段筛选结果

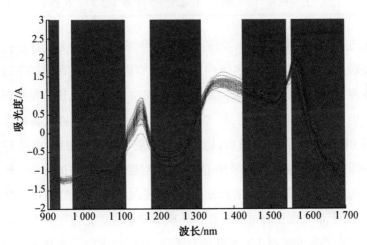

图 5.9　去壳红松仁 UVE 波段筛选结果

图 5.8 为经过 VN 预处理方法后带壳红松籽光谱的蛋白质 UVE 筛选波段结果,保留的波长范围为 906.9 ～ 1 125.46 nm、1 180.1 ～ 1 282.55 nm、1 323.53 ～1 548.92 nm、1 610.39 nm、1 651.37 ～ 1 699.18 nm;图 5.9 为经过 SNV 预处理方法后去壳红松仁光谱的蛋白质 UVE 筛选波段结果,保留的波长范围为 906.9 ～ 934.22 nm、968.37 ～ 1 111.8 nm、1 180.1 ～ 1 316.7 nm、1 425.98 ～ 1 542.09 nm、1 555.75 ～ 1 699.18 nm。不仅保留了蛋白质 N—H 键倍频和与蛋白质含量、氨基酸种类相关的特征吸收谱带,还对其他信息所对应的特征谱带进行了保留。

分别在全波段、筛选保留的特征波段范围下建立带壳红松籽和去壳红松仁的蛋白质 PLS 数学模型,通过对相关系数和均方根误差参数值的对比,来评定模型质量的优劣。则模型评价结果如表 5.4 所示。

表 5.4　全波段和特征波段下模型评价结果

样品	方法	变量数	R_c	RMSEC	R_p	RMSEP
带壳红松籽	PLS	117	0.887 6	0.654 8	0.853 8	0.691 3
	BiPLS – PLS	57	0.905 6	0.634 6	0.876 6	0.667 0
	UVE – PLS	94	0.887 9	0.654 4	0.858 4	0.686 1
去壳红松仁	PLS	117	0.914 4	0.569 5	0.881 7	0.609 5
	BiPLS – PLS	37	0.938 3	0.540 0	0.903 1	0.576 1
	UVE – PLS	88	0.929 3	0.552 7	0.886 7	0.592 8

由表 5.4 可知,通过采用不同的方法,对带壳红松籽和去壳红松仁光谱进行特征波段的选取,其构建的各蛋白质 PLS 模型质量与全波段范围下构建的蛋白质 PLS 模型质量相比,均有所提高,达到了减少变量数量、优化模型评价参数的目的。但不同的波段选取方法,对蛋白质 PLS 模型质量的提高程度有所不同。经过 BiPLS 方法筛选波段后,构建的模型质量要优于 UVE 方法筛选波段后构建的模型质量,这是因为采用 UVE 方法对带壳红松籽和去壳红松仁光谱进行波段选取后,保留的冗余信息较多,使得蛋白质 PLS 模型的可靠性提高得不多,尤其对于带壳红松籽近红外蛋白质模型质量的优化程度并不明显。原始带壳红松籽光谱数据经过 VN 预处理方法后,构建的蛋白质 BiPLS – PLS 模型的验证集 R_p 为 0.876 6,RMSEP 为 0.667 0;原始去壳红松仁光谱数据经过 SNV 预处理方法后,构建的蛋白质 BiPLS – PLS 模型的验证集 R_p 为 0.903 1,RMSEP 为 0.576 1。因此,在构建红松籽样品蛋白质近红外数学模型的过程中,采用 BiPLS 方法进行波段的筛选是更为合适的,其能够更有效地提取蛋白质属性中相对较重要的特征响应谱带,更好地优化模型的质量。

5.5　红松籽蛋白质 NIR 数学模型的验证

将验证集带壳红松籽、去壳红松仁样品的光谱数据分别代入经相应相对较优的预处理方法及 BiPLS 优化的数学模型中进行蛋白质的验证,得到的最终蛋白质理化分析值与预测值的对比情况如图 5.10、图 5.11 所示。

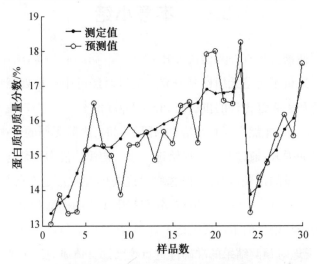

图 5.10　带壳红松籽蛋白质预测结果

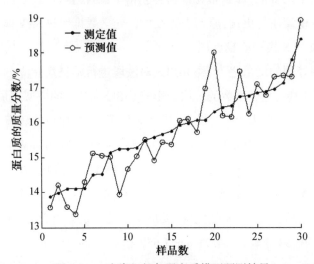

图 5.11　去壳红松仁蛋白质模型预测结果

图 5.10、图 5.11 中的横坐标分别依次表示验证集带壳红松籽和去壳红松仁样品,由图 5.10、图 5.11 可知验证集带壳红松籽、去壳红松仁的蛋白质预测值均分别围绕其测定值进行较为均匀地上下波动,利用式(4.3)对验证集红松籽样品的蛋白质预测值与测定值的平均偏差绝对值 $\overline{M}_{abs}$ 进行计算,则带壳红松籽样品蛋白质预测值与测定值的 $\overline{M}_{abs}$ 为 0.52% ;去壳红松仁样品蛋白质预测值与测定值的

$\bar{M}_{abs}$ 为 0.45% ，表明了建立的红松籽蛋白质模型的预测结果较准确。

5.6 本章小结

本章利用便携式近红外光谱仪 NIR – NT – spectrometer – OEM – system 对红松籽蛋白质进行了定量无损检测研究。通过对经过不同预处理方法后构建的带壳红松籽和去壳红松仁的蛋白质 PLS 模型评价参数的比较，发现只有采取合适的预处理方法，才能实现有效信息保留的同时，剔除无用的干扰信息，最终实现模型质量的提升；通过两种方法筛选波段后构建的模型质量与全波段范围下构建的模型质量的比较，发现波段选取对提高模型质量是有所帮助的，表明了波段筛选在建模分析中的重要地位；分别利用优化的模型对相应验证集的带壳红松籽和去壳红松仁的蛋白质进行了预测，并给出了与理化测量值的对照结果，以便更直观地对预测结果的准确性进行观察。具体研究结果如下。

（1）针对本批样品，原始带壳红松籽光谱数据经过 VN 预处理方法后构建的蛋白质 PLS 模型质量更优，原始去壳红松仁光谱数据经过 SNV 预处理方法后构建的蛋白质 PLS 模型质量更佳。

（2）在预处理的结果之上，经 BiPLS 对波段进行筛选后建立的蛋白质 PLS 模型质量更为理想，且分割数的选取会影响 BiPLS – PLS 的模型质量，对于带壳红松籽样品，在分割数为 15 的情况下模型质量更佳，其保留的建模波长区间范围为：1 009.35 ~ 1 104.97 nm、1 323.53 ~ 1 521.6 nm、1 630.88 ~ 1 699.18 nm，建立的带壳红松籽蛋白质 PLS 模型 R_p 为 0.876 6，RMSEP 为 0.667 0，验证集预测平均偏差绝对值 $\bar{M}_{abs}$ 为 0.52%；对于去壳红松仁样品，在分割数为 10 的情况下模型质量更优，其保留的建模波长区间范围为：975.2 ~ 1 104.97 nm、1 453.3 ~ 1 514.77 nm、1 658.2 ~ 1 699.18 nm，建立的去壳红松仁蛋白质 PLS 模型 R_p 为 0.9031，RMSEP 为 0.576 1，验证集预测平均偏差绝对值 $\bar{M}_{abs}$ 为 0.45%。由此可见，本章构建的带壳红松籽、去壳红松仁蛋白质近红外模型的预测结果比较准确，可以较好地应用于红松籽近红外蛋白质的定量无损检测中。

下一章中将采用近红外光谱分析技术对红松籽水分展开无损分析检测研究，以期更全面地实现对红松籽内部成分的定量无损检测研究。

第6章 红松籽水分近红外光谱的 无损检测研究

红松籽的含水率直接影响其经济价值,含水量低,松仁不够饱满,质量较轻,影响其口感的同时,还导致红松籽价格的下降;含水量高,在储藏过程时会有利于致病菌微生物的活动,使其发生腐烂,导致红松籽品质的下降。因此含水率是评定红松籽品质的重要参数之一。由于采摘后的红松籽随储藏时间和储藏温度、潮湿度的变化而表现出不同程度的水分散失率,因此无法根据固定值来确定红松籽的含水率,目前常用的红松籽水分检测方法是烘干减重法,即对样品进行称量、烘烤、再称量等一系列处理后,计算出红松籽的含水率,该方法存在所需测试时间较长等不足。

近红外光谱分析检测在农副产品水分检测中已得到了广泛的应用,Isaksson 等人利用近红外光谱分析技术构建了牛肉的水分模型,实现了牛肉水分的在线无损检测。杨建松等人选取经排酸处理后的里脊、臀肉、眼肉、外脊、腿肉5个部位114份牛肉样品,采用 DA7200 二极管阵列近红外光谱仪,在950 ~ 1 650 nm 波长范围内构建了牛肉水分的预测模型,该模型的校正标准差为 0.313 3。朱逢乐等人在 900 ~ 1 700 nm 范围间,利用 Hyperspe 近红外高光谱成像仪采集到了不同部位的 90 个三文鱼样本,分别采用最小二乘支持向量机方法和偏最小二乘法构建了三文鱼水分近红外模型,其中偏最小二乘水分模型的预测相关系数为 0.92,最小二乘支持向量机水分模型为 0.93,实现了三文鱼水分的快速无损检测。

然而利用近红外光谱分析方法对红松籽水分进行定量检测的研究几乎还未开展。

在本章的研究中,拟以带壳红松籽和去壳红松仁为研究对象,利用红松籽样品在带壳和去壳两种状态下的近红外漫反射光谱,采用近红外光谱分析技术对红松籽的水分进行定量分析,通过偏最小二乘(PLS)法建立红松籽水分定量分析模型,并分别比较矢量归一化(VN)、一阶导数(1 - Der)、二阶导数(2 - Der)、多元散射校正(MSC)、变量标准化校正(SNV)等多种预处理方法对红松籽水分建模精度的影响,在此基础上分别利用反向间隔偏最小二乘法

（BiPLS）、无信息变量消除法（UVE），实现对光谱特征波段的选取，经过对比分析确定相对较好的预处理方法、相对较优的波段选取方法及适合建模的波段范围，从而构建出质量较好的红松籽水分近红外数学模型，以期实现带壳红松籽和去壳红松仁水分快速、准确定量无损检测。

6.1 红松籽水分理化分析值的获取

利用电子秤（感量为:0.000 1 g）对红松籽样品进行称量，然后置于101 ~ 105 ℃的电热鼓风干燥箱（温度控制范围5 ~ 250 ℃）中2 ~ 4 h，取出，放入干燥器内冷却称量；之后再放入干燥箱中1 h左右，取出，放入干燥器内再冷却称量，重复以上操作直至前后两次质量差不超过2 mg为止，则可根据干燥前后的称量数值，计算出红松籽样品的水分。水分的计算公式如下：

$$X = \frac{m_1 - m_2}{m_1} \times 100 \tag{6.1}$$

其中，X 表示样品中水分的含量，单位为 g/100 g；m_1 表示样品干燥前的质量，单位为 g；m_2 表示样品干燥后的质量，单位为 g。则选取的红松籽样品水分的统计结果如图 6.1 所示。

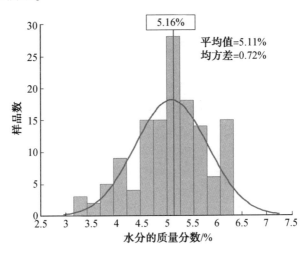

图 6.1 红松籽水分分布结果

图 6.1 中的纵坐标表示样品数量。由图 6.1 可知，红松籽样品的水分分布在 3% ~ 6.5% 之间，且绝大部分在4% ~ 6.5% 之间，约占总数样品的95%，样品水分平均值为5.11%，均方差为0.72%，图中5.16% 为中位数，样品水分含量分布具有一定的正态分布特性，表明了实验中选取的红松籽样品的合理性。

6.2　红松籽水分 NIR 模型校正集样品的选取

采用 Kennard – Stone(K – S) 方法来完成对红松籽校正集样品的选取,按照 3∶1 的比例进行校正集与验证集的划分,划分结果如表 6.1 所示。

表 6.1　红松籽样品水分划分结果

样品集	样品	水分的质量分数 /%			S. D.
		最大值	最小	均值	
总体	134	6.35	3.16	5.11	0.72
校正集带壳红松籽	104	6.35	3.16	5.06	0.76
验证集带壳红松籽	30	6.23	4.17	5.28	0.53
校正集去壳红松仁	104	6.35	3.16	5.10	0.79
验证集去壳红松仁	30	5.75	4.17	5.14	0.41

由表 6.1 可知,校正集红松籽样品的水分分布在 3.16% ～ 6.35% 之间,其覆盖范围大于验证集红松籽水分变化范围(带壳红松籽:4.17% ～ 6.23% ;去壳红松仁:4.17% ～ 5.75%),表明了红松籽样品校正集所构建的水分模型能较好地适用于验证集样品。带壳红松籽和去壳红松仁选定的校正集样品不同的原因是,虽然两者水分相同,但光谱特性存在差异,因而致使光谱 – 理化值共生距离存在差别,使得选定的校正集中的样品并不完全相同。

6.3　红松籽水分 NIR 模型光谱预处理方法的选择

由前述内容可知,求导窗口宽度的大小,会影响经导数预处理后构建的红松籽水分定量分析 PLS 模型的质量,相对较为理想的求导窗口宽度的确定,可以根据计算各模型的交叉验证均方根误差(RMSECV) 值来给出,则窗口宽度与 RMSECV 的关系图如图 6.2 所示。

由图 6.2 可知,1 – Der、2 – Der 窗口宽度均取 5 时对带壳红松籽光谱进行预处理,构建的水分 PLS 模型 RMSECV 值最小;1 – Der、2 – Der 窗口宽度分别取 10、25 时对去壳红松仁光谱进行预处理,构建的水分 PLS 模型 RMSECV 值最小。

对带壳红松籽和去壳红松仁的原始光谱数据在全光谱波段范围内,分别采用一阶导数(1 – Der)、二阶导数(2 – Der)、变量标准化校正(SNV)、矢量归一化(VN)、多元散射校正(MSC)多种不同预处理方法进行处理,并分别建立原始光谱及经不同预处理方法后的红松籽水分 PLS 回归模型,通过对各模型的相关系数(R_c、R_p)、均方根误差(RMSEC、RMSEP)的对比分析,从而确定相对较优的光谱预处理方法,则模型评价的对比结果如表 6.2 所示。

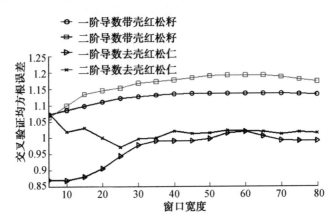

图 6.2　不同窗口宽度求导模型结果

表 6.2　不同预处理方法建立红松籽水分 PLS 模型

预处理方法	带壳红松籽			RMSEP	去壳红松仁			RMSEP
	R_c	RMSEC	R_p		R_c	RMSEC	R_p	
未处理	0.793 3	1.067 8	0.754 0	1.142 9	0.837 8	0.897 8	0.809 7	0.949 7
SNV	0.835 9	1.012 9	0.799 9	1.088 5	0.831 4	0.907 7	0.802 5	0.964 8
MSC	0.830 8	1.020 8	0.795 4	1.094 7	0.828 4	0.913 5	0.783 6	0.986 4
VN	0.837 8	1.009 5	0.799 9	1.085 4	0.858 4	0.872 0	0.836 1	0.918 1
1 – Der	0.818 9	1.036 1	0.772 7	1.122 6	0.872 1	0.854 1	0.849 1	0.889 0
2 – Der	0.826 2	1.027 0	0.786 2	1.106 8	0.807 6	0.944 9	0.754 8	1.017 7

由表 6.2 可知,由于红松籽壳对获取光谱信息的干扰,因此带壳红松籽和去壳红松仁的水分 PLS 模型存在差异,但通过分析带壳红松籽的光谱数据可以获得松仁内部水分信息。通过对带壳红松籽原始光谱数据进行预处理,消除了附加散射变动、光程变化、噪声信息等对其光谱数据的干扰,模型质量得到了提升,说明合理地运用预处理方法可以实现模型稳健性和预测精确性的提高,且

经过 VN 预处理方法后,构建的带壳红松籽水分 PLS 模型质量相对更佳,其 R_c 为 0.837 8,R_p 为 0.799 9,RMSEC 和 RMSEP 分别为 1.009 5、1.085 4;去壳红松仁光谱经过 SNV、MSC 预处理后,构建的水分 PLS 模型质量与原始光谱构建的水分 PLS 模型质量相类似且有所下降,说明在预处理的过程中减少了少量有效信息,或者引入或放大了噪声信息,且经 2 – Der 预处理后构建的水分 PLS 模型质量最差,说明在 2 – Der 预处理的过程中虽然消除了基线和背景的干扰,但也在一定程度上放大了噪声,经过 VN、1 – Der 预处理后,去壳红松仁水分 PLS 模型的质量提高了,说明经过 VN、1 – Der 预处理后特征信息被有效地提取了,经过 1 – Der 预处理后构建的去壳红松仁水分 PLS 模型质量相对更优,其 R_c 为 0.872 1,R_p 为 0.849 1,RMSEC 和 RMSEP 分别为 0.854 1、0.889 0。

对带壳红松籽与去壳红松仁水分的波段筛选工作均在此预处理结果基础上展开进一步的研究。

6.4　适合红松籽水分 NIR 建模波段范围的选取

由前述内容可知,在采用 BiPLS 方法实现对红松籽水分近红外建模特征波段优选时,分割数的选取很重要。分割数取值分别设定为 10、15、20、25、30,图 6.3 所示为不同分割数与红松籽水分 BiPLS – PLS 模型评价参数 RMSECV 的关系图。

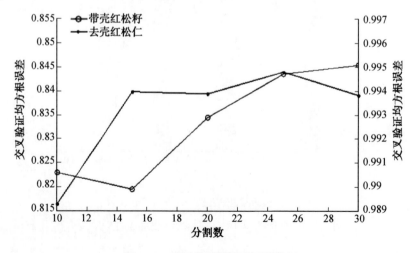

图 6.3　不同分割数模型评价结果

由图 6.3 可知,分割数取 15 时,带壳红松籽水分 BiPLS – PLS 模型的 RMSECV 最小;分割数取 10 时,去壳红松仁水分 BiPLS – PLS 模型的 RMSECV 最小。

带壳红松籽和去壳红松仁的水分 BiPLS 波段筛选结果如图 6.4、图 6.5 所示,背景部分的光谱为筛选保留下的波段。

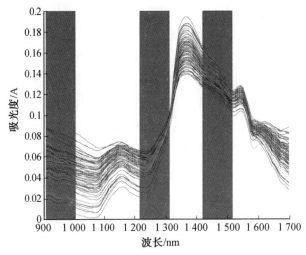

图 6.4　带壳红松籽 BiPLS 波段筛选结果

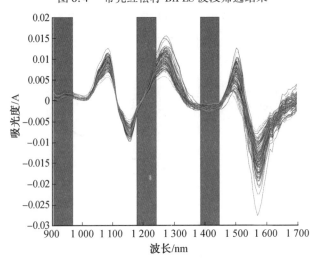

图 6.5　去壳红松仁 BiPLS 波段筛选结果

图 6.4 为经过 VN 预处理方法后,在分割数取值为 15 时带壳红松籽光谱的水分 BiPLS 优选波段结果,其保留的波段区间组合为 1、4、6,对应的波长范围为 906.9 ～ 1 002.52 nm、1 214.25 ～ 1 309.87 nm、1 419.15 ～ 1 514.77 nm;

图 6.5 为经过 1 – Der 预处理方法后,在分割数取值为 10 时去壳红松仁光谱的水分 BiPLS 优选波段结果,其保留的波段区间组合为 1、5、8,对应的波长范围为 906.9 ~ 968.37 nm、1 180.1 ~ 1 241.57 nm、1 385 ~ 1 446.47 nm。

采用 UVE 波段筛选方法,对带壳红松籽和去壳红松仁水分适合建模的波段范围进行选取,则波长变量可靠性分析结果如图 6.6、图 6.7 所示,实曲线为波长变量数据可靠性分析的分布结果,波动较大实曲线为引入的噪声变量数据可靠性分析的分布结果,虚直线为阈值上下限,在 2 条虚线外的波长变量被保留。

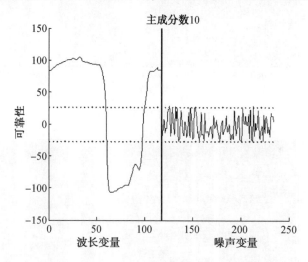

图 6.6　带壳红松籽变量 UVE 可靠性分析结果

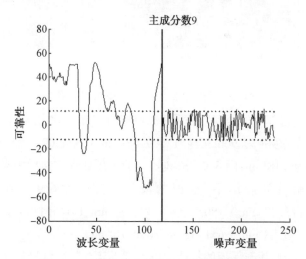

图 6.7　去壳红松仁变量 UVE 可靠性分析结果

对应得到的 UVE 筛选波段结果如图 6.8、图 6.9 所示。

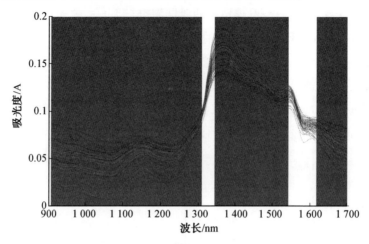

图 6.8　带壳红松籽 UVE 波段筛选结果

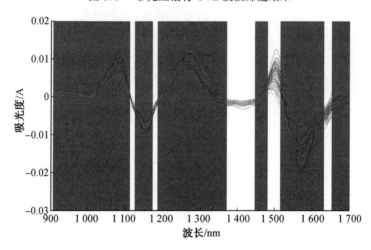

图 6.9　去壳红松仁 UVE 波段筛选结果

图 6.8 为经过 VN 预处理方法后带壳红松籽光谱的水分 UVE 筛选波段结果，保留的波长范围为 906.9 ～ 1 309.87 nm、1 344.02 ～ 1 542.09 nm、1 617.22 ～ 1 699.18 nm；图 6.9 为经过 1 – Der 预处理方法后去壳红松仁光谱的水分 UVE 筛选波段结果，保留的波长范围为 906.9 ～ 1 111.8 nm、1 125.46 ～ 1 173.27 nm、1 186.93 ～ 1 371.34 nm、1 446.47 ～ 1 480.62 nm、1 514.77 ～ 1 630.88 nm、1 651.37 ～ 1 699.18 nm。

分别在全波段、筛选保留的特征波段范围下建立带壳红松籽和去壳红松仁的水分 PLS 数学模型，通过对相关系数和均方根误差参数值的对比，来评价模型质量的优劣,从而确定相对较好的波段选取方法,则模型评价结果如表 6.3 所示。

表 6.3　全波段和特征波段下模型评价结果

样品	方法	变量数	R_c	RMSEC	R_p	RMSEP
带壳红松籽	PLS	117	0.837 8	1.009 5	0.799 9	1.085 4
	BiPLS – PLS	45	0.864 1	0.974 0	0.839 2	1.041 7
	UVE – PLS	99	0.840 2	1.005 8	0.809 5	1.075 3
去壳红松仁	PLS	117	0.872 1	0.854 1	0.849 1	0.889 0
	BiPLS – PLS	30	0.907 8	0.809 8	0.886 9	0.833 8
	UVE – PLS	104	0.880 5	0.841 6	0.852 9	0.879 8

由表 6.3 可知,通过采用不同的方法,对带壳红松籽和去壳红松仁光谱进行特征波段的选取,其构建的各水分 PLS 模型质量与全波段范围下构建的水分 PLS 模型质量相比,均有所提高,达到了减少变量数量、优化模型评价参数的目的。红松籽水分 BiPLS – PLS 模型质量相对更优,这主要是因为根据 3.2.3.3 中的介绍可知,水分 O—H 键倍频、合频的特征响应谱带分别在 960 nm、1 220 nm 附近,经 BiPLS 筛选所得的特征波段分别对应了水分 O—H 键的倍频和合频,光谱数据中多数无关的冗余信息被有效地剔除了;UVE 方法对带壳红松籽和去壳红松仁光谱进行波段选取后,保留的冗余信息较多,使得水分 PLS 模型的可靠性、预测结果的精确性提升得不多。

带壳红松籽水分 BiPLS – PLS 模型的 R_c 可达 0.864 1,R_p 为 0.839 2,RMSEP 为 1.041 7;去壳红松仁水分 BiPLS – PLS 模型的 R_c 可达 0.907 8,R_p 为 0.886 9,RMSEP 为 0.833 8。因此,在构建红松籽样品水分近红外数学模型的过程中,采用 BiPLS 方法进行波段的选取是更为合适的,其能够更有效地筛选出合理且数量更少的波长变量,更好地提高模型的质量。

6.5　红松籽水分 NIR 数学模型的验证

分别采用经相应相对较优的预处理方法后,BiPLS 优选的特征波段范围下构建的数学模型,对验证集带壳红松籽、去壳红松仁样品的水分进行预测,得到的最终水分理化分析值与预测值的对比情况如图 6.10、图 6.11 所示。

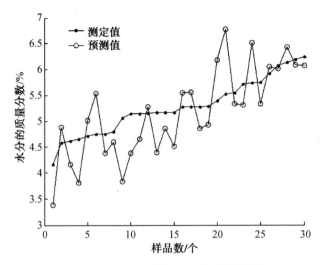

图 6.10　带壳红松籽水分模型预测结果

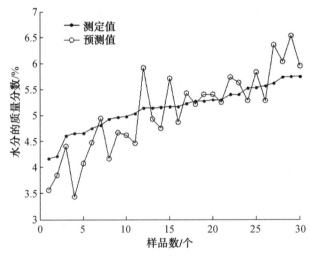

图 6.11　去壳红松仁水分模型预测结果

图 6.10、图 6.11 中的横坐标分别表示验证集带壳红松籽和去壳红松仁样品。由图 6.10、图 6.11 可知验证集带壳红松籽、去壳红松仁的水分预测值均分别围绕其测定值进行上下较为均匀的浮动。利用式(4.2)对验证集红松籽样品水分预测值与测定值的偏差 M 进行计算,则带壳红松籽样品水分预测值与测定值的 M 范围为 $-2.20\% \sim 2.26\%$;去壳红松仁样品水分预测值与测定值的 M 范围为 $-1.37\% \sim 1.40\%$。利用式(4.3)对验证集红松籽样品水分预测值与测定值的平均偏差绝对值 $\overline{M}_{abs}$ 进行计算,其中,带壳红松籽样品水分预测

值与测定值的 $\overline{M}_{abs}$ 为 0.86% ;去壳红松仁样品水分预测值与测定值的 $\overline{M}_{abs}$ 为 0.66% ,表明了预测结果比较理想。

6.6　本章小结

本章利用近红外光谱法对红松籽水分进行了无损定量分析,结合直接干燥法测定的水分,利用偏最小二乘法进行建模分析。通过比较校正集相关系数、校正集均方根误差、验证集相关系数、验证集均方根误差确定相对较佳的预处理方法、相对较优的波段选取方法及适合建模的波段范围。具体研究结果如下。

(1) 对带壳红松籽和去壳红松仁选取合适的预处理方法,能够提升模型的质量,其中,原始带壳红松籽光谱数据经过 VN 预处理后构建的水分 PLS 模型质量相对更优,原始去壳红松仁光谱数据经过 1 - Der 预处理后构建的水分 PLS 模型质量相对更佳。

(2) 在预处理的结果之上,经 BiPLS 筛选波段后建立的水分 PLS 模型更为理想,保留了水分中 O—H 功能基团的倍频、合频吸收的特征响应谱带的同时,多数无关的冗余信息被有效地剔除了。对于带壳红松籽样品,在分割数为 15 的情况下 BiPLS - PLS 模型质量相对更佳,其保留的建模波长范围为:906.9 ~ 1 002.52 nm、1 214.25 ~ 1 309.87 nm、1 419.15 ~ 1 514.77 nm,构建的带壳红松籽水分 PLS 模型 R_p 为 0.839 2,RMSEP 为 1.041 7,验证集预测平均偏差绝对值为 0.86% ;对于去壳红松仁样品,在分割数为 10 的情况下 BiPLS - PLS 模型质量相对更优, 其保留的建模波长范围为:906.9 ~ 968.37 nm、1 180.1 ~ 1 241.57 nm、1 385 ~ 1 446.47 nm,构建的去壳红松仁水分 PLS 模型 R_p 为 0.886 9,RMSEP 为 0.833 8,验证集预测平均偏差绝对值为 0.66% 。由此可见,本章构建的带壳红松籽、去壳红松水分近红外模型的预测效果较好,可以实现对红松籽水分的定量无损检测。

第7章　结论与展望

7.1　结　　论

我国是松子产量大国,又以东北红松籽最为著名。松子的销路极为广阔,能为我国带来良好的经济效益。然而,目前我国松子产后产值虽有增长,但仍未超过采收时的自然产值。松子只有经过产后商品化处理,才能为我国创造更大的经济价值。如何准确地、简便地、无损地对松子外部品质进行分级、内部品质进行检测是一个亟待解决的问题。我国松子市场对松子品质管理、松子开发利用和深加工的需求促进了松子外部品质无损分级、内部品质无损检测方法的开展与研究。目前我国对松子无损检测方法的研究还没有广泛地展开,尤其对于松子内部品质脂肪、蛋白质、水分的无损检测方法的研究几乎还没有开展。

本书正是在上述背景下以生的红松籽为研究对象,开展了基于机器视觉的红松籽外部品质无损分级、基于近红外光谱的带壳红松籽和去壳红松仁脂肪、蛋白质、水分定量无损检测方法的研究。本书的主要研究结果如下。

在基于机器视觉的红松籽外部品质无损分级研究方面:

(1) 以带壳生的红松籽为研究对象,利用改进的 C－V 模型对红松籽目标轮廓进行了提取,与传统的 C－V 模型相比,采用该改进的 C－V 模型在提取红松籽轮廓的准确性和速度方面均有所提高;同时利用改进的多水平集 C－V 模型成功地实现了同时对多个红松籽果实目标轮廓的提取,并将提取结果叠加在原始图像上,观察发现提取到的轮廓信息十分理想。

(2) 通过对红松籽形状的分析,结合数学形态学的方法,实现了对红松籽果长和最大脱蒲横径特征参数的提取,并分别与实测值进行关联,分别构建了红松籽的果长和最大脱蒲横径的数学模型,其中,果长模型的平均预测精确度为98.42%,最大脱蒲横径模型的平均预测精确度为96.10%;根据红松籽果长、最大脱蒲横径特征参数提出了红松籽外部品质等级综合评定分级标准,等级判定的平均准确率为97.2%,表明了等级判定的可靠性和准确性。

在基于近红外光谱的红松籽内部品质脂肪、蛋白质、水分的定量无损检测研究方面：

（1）通过对带壳红松籽和去壳红松仁的近红外光谱响应特性的分析，发现去壳红松仁与带壳红松籽光谱的走势基本相同，且吸收峰值递减或递增的位置基本相同，但由于红松籽壳的干扰，因此带壳红松籽样品的吸光度受到了影响，即去壳红松仁样品的吸光度明显高于带壳红松籽样品的吸光度；并且由于去壳红松仁与带壳红松籽的光谱响应特征存在差异，尽管成分相同，但其光谱－理化值共生距离却存在差异，因此选定的校正集中的样品并不相同。

（2）近红外光谱的导数预处理结果受到窗口宽度的影响，分别在不同窗口宽度对带壳红松籽和去壳红松仁进行 1－Der、2－Der 预处理，并构建相应数学模型，研究结果表明，1－Der、2－Der 窗口宽度均取 5 时对带壳红松籽光谱进行预处理，构建的脂肪、蛋白质、水分 PLS 模型质量更佳；1－Der、2－Der 窗口宽度分别取 10、25 时对去壳红松仁光谱进行预处理，构建的脂肪、蛋白质、水分 PLS 模型质量更优。

（3）在红松籽脂肪近红外无损检测的研究中，从带壳红松籽和去壳红松仁两个方面展开研究，分别采用 VN、1－Der、2－Der、MSC、SNV 方法对原始光谱数据进行预处理，以探索不同预处理方法对建模精度的影响，研究结果表明，采用 VN 方法对带壳红松籽光谱进行预处理，得到的带壳红松籽脂肪 PLS 模型质量更优；经过 1－Der 预处理后得到的去壳红松仁脂肪 PLS 模型质量更佳。在此预处理的结果之上，分别构建了红松籽脂肪 iPLS－PLS、BiPLS－PLS、UVE－PLS 波段筛选的数学模型，经过对比分析表明，采用 BiPLS 方法筛选波段后构建的脂肪 PLS 模型质量更优，对于带壳红松籽样品，分割数取 15 的情况下 BiPLS－PLS 模型质量相对更佳，筛选保留的建模波长范围为：906.9 ~ 1 002.52 nm、1 111.8 ~ 1 207.42 nm、1 521.6 ~ 1 699.18 nm，光谱变量数量减少了 51%，模型 RMSEP 降低到 0.765 1；对于去壳红松仁样品，分割数取 10 的情况下 BiPLS－PLS 模型质量相对更优，筛选保留的建模波长范围为：906.9 ~ 968.37 nm、1 180.1 ~ 1 241.57 nm、1 400.08 ~ 1 474.4 nm、1 658.2 ~ 1 699.18 nm，光谱变量数量减少了 68%，模型 RMSEP 降低到 0.646 8。表明了构建的带壳红松籽、去壳红松仁脂肪近红外模型具有较好的预测精度，该模型可以较好地应用于红松籽近红外脂肪含量的定量无损检测中。

（4）在红松籽蛋白质近红外无损检测的研究中，以带壳红松籽和去壳红松仁为研究对象，分析了不同预处理方法对建模精度的影响，研究结果表明，经过 VN 预处理后的带壳红松籽蛋白质 PLS 模型质量相对更佳；经过 SNV 预处理后的去壳红松仁蛋白质 PLS 模型质量相对更优。在上述预处理的结果之上，分析了不同的波段筛选方法对红松籽蛋白质近红外建模精度的影响，研究结果表明，经 BiPLS 筛选波段后建立的蛋白质 PLS 模型质量更为理想，且分割数的选取会影响 BiPLS - PLS 的模型质量，其中对于带壳红松籽样品，分割数取 15 的情况下 BiPLS - PLS 模型质量更佳，筛选保留的建模波长范围为：1 009.35 ～ 1 104.97 nm、1 323.53 ～ 1 521.6 nm、1 630.88 ～ 1 699.18 nm，光谱变量数量减少了 51%，模型 RMSEP 降低到 0.667 0；对于去壳红松仁样品，分割数取 10 的情况下 BiPLS - PLS 模型质量更优，筛选保留的建模波长范围为：975.2 ～ 1 104.97 nm、1 453.3 ～ 1 514.77 nm、1 658.2 ～ 1 699.18 nm，光谱变量数量减少了 68%，模型 RMSEP 降低到 0.576 1。表明了构建的带壳红松籽、去壳红松仁蛋白质近红外模型预测结果的可靠性，可以实现对红松籽蛋白质的定量无损检测。

（5）在红松籽水分近红外无损检测的研究中，分别采用 4 种不同预处理方法对带壳红松籽和去壳红松仁的原始光谱进行处理，分析不同预处理方法对建模精度的影响，研究结果表明，经过 VN 预处理方法后的带壳红松籽水分 PLS 模型质量更佳；经过 1 - Der 预处理后的去壳红松仁水分 PLS 模型质量更优。在此预处理的结果之上，对适合红松籽水分近红外建模的波段进行了选取，分别采用 BiPLS 和 UVE 波段筛选方法展开对比研究，结果表明，经 BiPLS 筛选波段后建立的水分 PLS 模型质量更为理想，对于带壳红松籽样品，在分割数取 15 的情况下 BiPLS - PLS 模型质量更佳，筛选保留的建模波长范围为：906.9 ～ 1 002.52 nm、1 214.25 ～ 1 309.87 nm、1 419.15 ～ 1 514.77 nm，光谱变量数量减少了 62%，模型 RMSEP 降低到 1.041 7；对于去壳红松仁样品，在分割数取 10 的情况下 BiPLS - PLS 模型质量更佳，筛选保留的建模波长范围为：906.9 ～ 968.37 nm、1 180.1 ～ 1 241.57 nm、1 385 ～ 1 446.47 nm，光谱变量数量减少了 74%，模型 RMSEP 降低到 0.833 8。表明了构建的带壳红松籽、去壳红松仁水分近红外模型的预测结果是比较准确的，实现了对红松籽水分的定量无损检测。

（6）由于受到红松籽壳的干扰，带壳红松籽脂肪、蛋白质、水分模型检测精度均略低于相应的去壳红松仁模型检测精度，但仍可以从带壳红松籽的光谱图像中，分析获取到有效成分信息，通过将预测结果与实际理化分析结果对比发现，其模型的预测结果仍是准确的、可靠的。本书方法为带壳红松籽内部品质的定量无损检测提供了一个新的思路与方法。

综上所述，本书的主要创新成果如下。

（1）在红松籽外部品质无损分级方面。

①研究了一种基于改进 C–V 模型的单个红松籽目标轮廓的提取方法，并在此基础上，进一步研究了一种基于改进多水平集 C–V 模型的多红松籽目标轮廓的提取方法，实现了多红松籽目标轮廓的自动、准确获取。

②通过对红松籽形态的分析，结合数学形态学的方法，实现了对红松籽果长、最大脱蒲横径外部特征参数的自动获取，并在此基础上提出了红松籽外部品质综合评定分级标准，实现了红松籽外部品质的无损等级划分。

（2）在红松籽内部品质无损检测方面。

研究了基于近红外光谱的带壳红松籽和去壳红松仁脂肪、蛋白质、水分定量无损检测方法，探索了多种不同预处理方法和波段筛选方法对建模精度的影响，构建多个数学模型，通过对模型预测精度的对比分析，从而确定了相应的相对较佳的预处理方法、相对较优的波段筛选方法，并给出了适合于红松籽脂肪、蛋白质、水分建模的相应的光谱波段范围，最终建立了质量较高的带壳红松籽和去壳红松仁脂肪、蛋白质、水分近红外数学模型，实现了对红松籽内部相应成分的定量无损检测。

7.2　展　　望

本书的研究工作为研制拥有我国自主知识产权的红松籽外部品质无损分级和内部品质无损检测设备提供了理论和实践指导。基于机器视觉的红松籽外部品质等级无损划分、基于近红外光谱分析技术的红松籽内部品质脂肪、蛋白质、水分无损检测涉及的学科、领域很多，综合应用了数学、物理学、化学、光学、光谱分析技术等知识。由于时间和精力有限，研究还需要在以下几个方面做进一步深入研究。

（1）在本书的基础上，对大批量的红松籽光谱数据进行采集，从而实现光谱标准数据库的建立和共享，是今后红松籽内在品质近红外光无损检测有待进一步深入研究的主要方面。

（2）根据本书的研究成果实际的研发出一套红松籽外部品质无损分级、内部品质无损检测的系统是有待进一步研究的方向。

参 考 文 献

[1] 于俊霖,车喜泉.松仁的化学成分及功效[J].人参研究,2001,13(1):25-27.

[2] 张文春.华山松与东北红松的营养分析[J].陕西林业科技,1994(4):14.

[3] 赵景联.华山松子油的制取与性质研究[J].天然产物研究与开发,1996,8(2):74.

[4] 陶芹.γ-亚麻酸的保健功效及应用[J].食品科学.2000,21(12):14.

[5] 张汐.EPA 和 DHA 的提取富集[J].中国油脂,1997,22(5):51.

[6] 萧家捷.DHA 和 EPA 的功能综述[J].中国食物与营养,1996(2):6.

[7] 吴晓红,王振宇,郑洪亮,等.红松仁蛋白氨基酸组成分析及营养评价[J].食品工业科技,2011,32(1):267-270.

[8] 王俊国.长白山木本油料 —— 松子及松子油[J].中国油脂,1994,19(6):17.

[9] 马建路.红松的地理分布[J].东北林业大学学报,1992,20(5):40-48.

[10] 刘庆博,刘俊昌,陈文汇.我国坚果类森林食品的国际竞争力分析[J].西北林学院学报,2013,28(1):265-268.

[11] 陈红滨,刘秀坤.红松籽仁中氨基酸组成与含量[J].东北林业大学学报,1990,18(6):94-98.

[12] 陈永霞.红松籽营养价值分析[J].现代农业科技,2010(3):361-362.

[13] 吴晓红,王振宇,郑洪亮,等.红松仁蛋白氨基酸组成分析及营养评价[J].东北林业大学学报,2011,32(1):267-270.

[14] ROBERTS L G. Machine perception of three-dimensional solids. In: Optical and electro-optical information processing[M]. Cambridge:MIT Press, 1965:159-197.

[15] MARR D. Vision:A computational investigation into the human representation and processing of visual information[D]. San Francisco: W. H. Freeman and Company, 1982.

[16] MOUADDIB E, BATLE J, SALVI J. Recent progress in structured light in order to solve the correspondence problem in stereo[J]. Pattern Recognition, 1998,31(7):963-982.

[17] ZHANG Y, KOVACEVIC R. Real-time sensing of sag geometry during GTA welding[J]. Journal of Manufacturing Science and Engineering, 1997(2):151-160.

[18] TECH E K, MITAL D P. A transputer-based automated visual inspection system for electronic devices and PCBs[J]. Optics and Lasers in Engineering, 1995, 22:161-180.

[19] XU G, ZHANG Z. Epipolar geometry in stereo, motion and object recognition[M]. The Netherlands:Kluwer Academic Publishers, 1996:79-204.

[20] 刘洁,李小昱,王为,等. 基于近红外光谱的板栗蛋白质检测方法研究[C]. 重庆:中国农业工程学会,2011.

[21] 分析测试百科. 意大利将近红外光谱技术用于榛子筛选[Z/OL]. (2015 – 11 – 20)[2018 – 05 – 29]http://www.antpedia.com/news/99/n-1289399.html.

[22] 钱曼,黄文倩,王庆艳,等. 西瓜检测部位对近红外光谱可溶性固形物预测模型的影响[J]. 光谱学与光谱分析,2016,36(6):1700-1705.

[23] 贾昌路,高山,张宏,等. 近红外技术对南疆核桃品种的鉴定及品质比较[J]. 湖北农业科学,2016,55(10):2559-2563.

[24] 陆婉珍. 现代近红外光谱分析技术[M].2 版. 北京:中国石化出版社,2007.

[25] 严衍禄. 近红外光谱分析基础与应用[M]. 北京:中国轻工业出版社,2005.

[26] 严衍禄,陈斌,朱大洲,等. 近红外光谱分析的原理、技术与应用[M]. 北京:中国轻工业出版社,2013.

[27] 张军,陈瑾仙. 近红外光谱分析仪的发展及在水果和食品中的应用[J]. 光机电信息,2003(5):24-29.

[28] 方建军,刘仕良,张虎. 基于机器视觉的板栗实时分级系统[J]. 轻工机械, 2004,3(9):92-94.

[29] 李保国. 核桃分级机:CN201172038Y[P]. 2008 – 12 – 31.

[30] 何鑫,史建新.6FG－900型核桃分级机的原理与试验[J].新疆农业大学学报,2010,33(3):268-271.

[31] 展慧,李小昱,王为,等.基于机器视觉的板栗分级检测方法[J].农业工程学报,2010,26(4):327-330.

[32] 展慧,李小昱,周竹,等.基于近红外光谱和机器视觉融合技术的板栗缺陷检测[J].农业工程学报,2011,27(2):345-348.

[33] 韩仲志,赵友刚.基于计算机视觉的花生品质分级检测研究[J].中国农业科学,2010,43(17):3882-3891.

[34] 刘建军,姚立健,彭樟林.基于机器视觉的山核桃等级检测技术[J].浙江农业学报,2010,22(6):854-858.

[35] 薛忠,邓干然,崔振德,等.基于机器视觉的澳洲坚果分级研究[J].农机化研究,2010(5):26-28.

[36] 郭晓伟.基于机器视觉的开心果闭壳与开壳识别[J].计算机应用,2011,31(2):426-427,434.

[37] 周竹,李小煜,李培武,等.基于GA－LSSVM和近红外傅里叶变换的霉变板栗识别[J].农业工程学报,2011,27(3):331-335.

[38] 王维,贺功民,王亚妮.3FJ－001型核桃分级机的设计与研究[J].农机化研究,2014,36(5):155-57.

[39] 刘敏基,谢焕雄,王建楠,等.栅条滚筒式花生分级机的优化设计与试验[J].中国农机化学报,2014,35(2):210-212.

[40] 刘军,郭俊先,帕提古丽·司拉木,等.基于机器视觉与支持向量机的核桃外部缺陷判别分析方法[J].食品科学,2015,36(20):211-217.

[41] 汪庆平,黎其万,董宝生,等.近红外光谱快速测定山核桃品质性状的研究[J].西南农业学报,2009,22(3):873-875.

[42] 刘洁,李小昱,李培武,等.基于近红外光谱的板栗水分检测方法[J].农业工程学报,2010,26(2):338-341.

[43] 傅谊,张拥军,陈华才,等.基于偏最小二乘法的板栗近红外光谱分析模型的建立[J].食品科技,2012(5):42-45.

[44] 陈天华,雷春宁,李摇月.基于近红外光谱特性分析的花生含水率检测[J].食品科学技术学报,2013,31(5):50-54.

[45] 李猛.全反射X射线荧光光谱法测定松子仁中16种矿物元素的含量[J].

理化检验 – 化学分册,2014(50):217-219.

[46] 郝中诚,彭云发,张宏,等. 基于近红外光谱的南疆温 185 核桃水分无损检测的研究[J]. 安徽农业科学,2014,42(21):7191-7193,7233.

[47] TOM P. Machine vision system for automated detection of stained pistachio nuts[C]. Boston:Optics in Agriculture, Forestry, and Biological Processing,1995(29):95-103.

[48] GHAZANFARI A. Machine vision classification of pistachio nuts using pattern recognition and neural networks[D]. Saskatoon:University of Saskatchewan, 1996.

[49] GHAZANFARI A, IRUDAYARAJ J, KUSALIK A. Grading pistachio nuts using a neural network approach[J]. Transactions of the ASABE, 1996, 39(6):319-2324.

[50] MENESATTI P, COSTA C, PAGLIA G, et al. Shape-based methodology for multivariate discrimination among Italian hazelnut cultivars[J]. Biosystems Engineering, 2008, 101(4):417-424.

[51] FEDERICO P, MENESATTI P, CORRADO C, et al. Image analysis techniques for automated hazelnut peeling determination[J]. Food and Bioprocess Technology, 2010, 3(1):155-159.

[52] MATHANKER S K, WECKLER P R, WANG N, et al. Local adaptive thresholding of pecan X-ray images:Reverse water flow method[J]. Transactions of the ASABE, 2010, 53(3):961-969.

[53] HUANG K Y. Detection and classification of areca nuts with machine vision[J]. Computers and Mathematics with Applications, 2012, 64(5):739-746.

[54] ERCISLI S,SAYINCI B,KARA M, et al. Determination of size and shape features of walnut Juglansregia L. cultivars using image processing[J]. Scientia Horticulturae, 2012, 33:47-55.

[55] CHEN Linnan, MA Qingguo, CHEN Yongkun, et al. Identification of major walnut cultivars grown in China based on nut phenotypes and SSR markers[J]. Scientia Horticulturae, 2014, 168:240-248.

[56] (日) 香川绫,刘燕海,郑德中. 食品营养成分表[M]. 北京:中国轻工业出

版社,1993.

[57] ELADIA M, MARCOS S, CARLOS R, et al. Characterization of various chestnut cultivars by means of chemometrics approach[J]. Food Chemistry, 2008, 107:537-544.

[58] MEXIS F, BADEKA V, RIGANAKOS A, et al. Effect of packaging and storage conditions on quality of shelled walnuts[J]. Food Control, 2009, 20(8):743-751.

[59] JOAO B, SUSANA C, ISABEL F, et al. Chemical characterization of chestnut cultivars from three consecutive years:Chemometrics and contribution for authentication[J]. Food and Chemical Toxicology, 2012(50):2311-2317.

[60] DIAZ R, FAUS G, BLASCO M, et al. The application of a fast algorithm for the classification of olives by machine vision[J]. Food Research International, 2000, 33:305-309.

[61] BULANON M, KATAOKA T, OAT Y. et al. A segmentation algorithm for the automatic recognition of Fuji apples at harvest[J]. Biosystems Engineering, 2002, 83(4):405-412.

[62] YAN Y S, YONGHUI H E, WANG K. Development on on-line inspection system for high speed strip surface quality at cold continuous rolling mill[J]. Wold Iron & Steel, 2013,7(39):262-267.

[63] 王红永,曹其新. 基于神经网络的黄瓜等级判别[J]. 农业机械学,1999, 30(6):83-87.

[64] 张红旗,刘宇. 基于机器视觉的番茄果实图像分割方法研究[J]. 农机化研究,2015(3):58-61.

[65] 刘禾,汪懋华. 用计算机图像技术进行苹果坏损自动检测的研究[J]. 农业机械学报,1998,29(4):81-85.

[66] 井利民,何东建. 基于 ARM 的苹果果实图像识别与定位技术研究[J]. ARM 开发与应用,2009(20):87-89.

[67] 冯斌,汪懋华. 计算机视觉技术识别水果缺陷的一种新方法[J]. 中国农业大学学报,2002,7(4):73-76.

[68] LINO L, SANCHES J, DAL FABBRO M. Image processing techniques for

lemons and tomatoes classification[J]. Transactions of the American Society of Agricultural Engineers, 2008, 67(3):785-789.

[69] MILLER BRYON K, DELWICHE J. A color vision system for peach grading[J]. Transactions of the American Society of Agricultural Engineers, 1989,32(4):1484-1490.

[70] 李小昱,陶海龙.马铃薯缺陷透射和反射机器视觉检测方法分析[J].农业机械学报,2014,45(5):191-196.

[71] KHOJASTEHNAZHAND M, OMID M, TABATABAEEFAR A. Determination of orange volume and surface area using image processing technique[J]. International Agrophysics, 2009,23:237-242.

[72] 应义斌,景寒松,等.机器视觉技术在黄花梨尺寸和果面缺陷检测中的应用[J].农业工程学报,1999,15(1):197-200.

[73] 李庆中,汪懋华.基于分形特征的水果缺陷快速识别方法[J].中国图像图形学报,2000,25(2):144-148.

[74] 仇逊超,曹军.基于改进的 C – V 模型的东北松子外部品质等级检测研究[J].食品工业科技,2016,37(11):289-292,304.

[75] GABOR D. Information theory in electron microcopy[J]. Lab. Invest, 1965, 14:801-807.

[76] JAIN K. Partial differential equations and finite-difference methods in image processing. Part 1:Image representation[J]. Journal of Optimization Theory and Applications, 1977, 23:65-69.

[77] KOENDERINK J. The structure of image[J]. Biological Cybernetics, 1984, 50:363-370.

[78] WITKIN P. Scale-space filtering in proceeding of the international joint conference on artificial intelligence[C]. Karlsruhe: ACM Inc, 1983: 1019-1021.

[79] SOMKANTHA K. Boundary detection in medical images using edge following algorithm based on intensity gradient and texture gradient features[J]. IEEE Transactions on Biomedical Engineering, 2011, 58(3):567-573.

[80] CASTLEMEN R. Fundamentals of digital image processing[M]. Upper

Saddle River:Prentice Hall, 1996.

[81] HAWKINS K. Texture properties for pattern recognition in picture processing and psychopiclorics[M]. New York:Academic Press, 1980:347-370.

[82] OSHER S, SETHIAN A. Fronts propagating with curvature dependent speed:Algorithms based on hamilton-jacobi formulations[J]. Journal of Computational Physics, 1988, 79(1):12-49.

[83] GAO S, TIEN B. Image segmentation and selective smoothing by using Mumfor-Shah model[J]. IEEE Transactions on Image Processing, 2005, 14(10):1537-1549.

[84] 郑罡,王惠南,李远禄,等.基于 Chan − Vese 模型的目标多层次分割算法 [J].中国图象图形学报,2006,11(6):804-810.

[85] 王大凯,侯榆青,彭进业.图像处理的偏微分方程方法[M].北京:科学出 版社,2008.

[86] 陆文瑞.微分方程中的变分方法[M].北京:科学出版社,2003.

[87] 张倩.几类 PDE 约束最优控制问题的数值方法研究[D].南京:南京师范 大学,2016.

[88] ZHAO K, CHAN T, MERRIMAN B, et al. A variational level-set approach to multiphase motion[J]. Comput. Phys. , 1996, 127:179-195.

[89] 何宁,张朋.基于边缘和区域信息相结合的变分水平集图像分割方法[J]. 电子学报,2009,37(10):2215-2219.

[90] WU N, WANG D, GUO L. Finite dimensional disturbance observer based control for nonlinear parabolic PDE systems via output feedback[J]. Journal of Process Control, 2016, 48:25-40.

[91] GARONIC C, MANNI C, SERRA-CAPIZZANO S, et al. Lusin theorem GLT sequences and matrix computations: An application to the spectral analysis of PDE discretization matrices[J]. Journal of Mathematical Analysis & Applications, 2015, 446(1):365-382.

[92] 赵凡.基于偏微分方程的图像增强和分割方法研究[D].长春:中国科学 院长春光学精密机械与物理研究所,2016.

[93] 赵文达.基于变分法和偏微分方程的图像增强和融合方法研究[D].长

春:中国科学院研究生院(长春光学精密机械与物理研究所),2016.

[94] 杨昊. 图像去噪中几种优化算法的相关研究[D]. 成都:电子科技大学,2016.

[95] SHAER A, ELSAID K, ELHASAN M. Variational calculations of the heat capacity of a semiconductor quantum dot in magnetic fields[J]. Chinese Journal of Physics, 2016, 54(3):391-397.

[96] VINK J P, VANLEEUWEN M B. Efficient nucleus detector in histopathology images[J]. Journal of Microscopy, 2011(2):236-246.

[97] CASELLES V, MOREL M, SAPIRO G. Geodesic active contours[J]. Int. J. Comput. Vision, 1997, 22:61-79.

[98] MUMFORD D,SHAH J. Optimal approximation by pircewise smooth functions and associated variational problems[J]. Communications on Pure and Applied Mathematics, 1989, 42(1):577-685.

[99] CHAN T, VESE L. Active contours without edges[J]. IEEE Trans on Image Processing, 2001, 10(2):266-277.

[100] CHAO D. Computing minimal surface via Level Set curvature flow[J]. Journal of computational Physics, 1993(106):77-91.

[101] CHAN T,VESE L. Active contours without edges for vector-valued images[J]. Journal of Visual Communication and Image Representation, 2000, 2(11):130-141.

[102] JEHAN-BESSON S, GASTAUD M, PRECIOSO F, et al. From snakes to region-based active contours defined by region-dependent parameters[J]. Applied Optics:Information Processing, 2004, 43(2):247-256.

[103] 何昀. 基于图像水平集分割的航磁图像信息提取方法研究[D].吉林:吉林大学,2016.

[104] ZHANG Chungang, XIONG Zhenhua, DING Han. Topology optimization of transient nonlinear heat conduction using an adaptive parameterized level-set method[J]. Engineering Optimization, 2021,53(12):2017-2039.

[105] 吴永飞. 图像分割的变分模型及数值实现[D]. 重庆:重庆大学,2016.

[106] VESE L, CHAN T. A multiphase level set framework for image

segmentation using the mumford and shah mode[J]. International Journal of Computer Vision, 2002, 50(3):271-293.

[107] CHAN T, VESE L. Image segmentation using level sets and the piecewise-constant Mumford-Shah model[J]. Tech. Rep Computational Applied Math Group, 1970.

[108] WILLIAMS P, NORRIS K. Near-infrared technology in the agriculture and food industries[J]. Food, 1988, 32(8):803.

[109] 屈健. 近红外光谱法在饲料检测中的应用[J]. 畜禽业,2005(5):29-31.

[110] 吴瑾光. 近代傅里叶变换近红外光谱技术及应用[M]. 北京:科学技术文献出版社,1994.

[111] KRIKORIAN E, MAHPOUR M. The identification and origin of N—H overtone and combination bands in the near-infrared spectra of simple primary and secondary amides[J]. J Pharm Sci, 1973, 29A:1233,1246.

[112] 刘建学. 实用近红外光谱分析技术[M]. 北京:科学出版社,2008.

[113] MACHO S, IUSA R, CALLAO P, et al. Monitoring ethylene content in heterophasic co-polymers by near-infrared spectroscopy standardization of the calibration model[J]. Amal. Chim. Acta, 2001, 445(2):213-220.

[114] WU W, WALCZAK B. Artificial neural networks in classification of NIR spectral data:Design of the training set[J]. Chemon Intell. Lab. Syst, 1996, 33:35-46.

[115] 李晓云,王加华,黄亚伟. 便携式近红外仪检测牛奶中脂肪、蛋白质及干物质含量[J]. 光谱学与光谱分析,2011,3(31):665-668.

[116] 王培培,张德全,陈丽,等. 近红外光谱法预测羊肉化学成分的研究[J]. 核农学报,2012,26(3):500-504.

[117] 朱逢乐,何勇,邵咏妮. 应用近红外高光谱成像预测三文鱼肉的水分含量[J]. 光谱学与光谱分析,2015,35(1):113-117.

[118] 张初,刘飞,孔汶汶,等. 利用近红外高光谱图像技术快速鉴别西瓜种子品种[J]. 农业工程学报,2013,29(20):270-276.

[119] 仇逊超,曹军. 近红外光谱波段优化在东北松子蛋白质定量检测中的应用[J]. 现代食品科技,2016,32(11):303-309.

[120] 戚淑叶. 可见／近红外光谱检测水果品质时影响因素的研究[D]. 北京:

中国农业大学,2016.

[121] 王动民,纪俊敏,高洪智. 多元散射校正预处理波段对近红外光谱定标模型的影响[J]. 光谱学与光谱分析,2014,34(9):2387-2390.

[122] VALENTA M, LEARDI R, SELF G,et al. Multivariate calibration of mango firmness using vis/NIR spectroscopy and acoustic impulse method[J]. Journal of Food Engineering, 2009, 92(1):7.

[123] GELADI P, MAC-DOUGALL D, MARTENS H. Linearization and scatter-correction for near-infrared reflectance spectra of meat[J]. Applies Spectroscopy, 1985, 39(3):491.

[124] 褚小丽,袁洪福,陆婉珍. 近红外光谱分析中光谱预处理及波长选择方法进展与应用[J]. 化学进展,2004,16(4):528-541.

[125] CHEN Huazhou, TAO Pan, CHEN Jiemei, et al. Waveband selection for NIR spectroscopy analysis of soil organic matter based on SG smoothing and MWPLS methods[J]. Chemometrics and Intelligent Laboratory Systems, 2011, 107(1):139-146.

[126] NORGAR L, SAUDLAND A, WANGNER J, et al. Interval partial least squares regression (iPLS):A comparative chemometric study with an example from near-infrared spectroscopy[J]. Applied Spectroscopy, 2000, 54:413-419.

[127] PARK B, ABBOTT A, LEE J, et al. Near-infrared diffuse reflectance for quantitative and qualitative measurement of soluble solids and firmness of delicious and Gala apples[J]. Transactions of the ASAE, 2003, 46(6):1721-1731.

[128] HE Kaixun, CHENG Hui, DU Wenli, et al. Online updating of NIR model and its industrial application via adaptive wavelength selection and local regression strategy[J]. Chemometrics and Intelligent Laboratory Systems, 2014, 134(8):79-88.

[129] 彭海根,彭云发,詹映,等. 近红外光谱技术结合联合区间间隔偏最小二乘法对南疆红枣糖度的测定[J]. 食品科学,2014,39(6):276-280.

[130] 胡慧琴,黄林,涂建平,等. 激光诱导击穿光谱结合间隔偏最小二乘法检测土壤中的 Pb[J]. 应用激光,2015,35(1):104-109.

[131] 熊雅婷,李宗朋,王健,等.近红外光谱波段优化在白酒酒醅成分分析中的应用[J].光谱学与光谱分析,2016,36(1):84-90.

[132] 瞿芳芳,任东,侯金健.基于向前和向后间隔偏最小二乘的特征光谱选择方法[J].光谱学与光谱分析,2016,36(2):593-598.

[133] 梁田,郑楠,齐文宗.近红外光谱法快速分析罗红霉素两种主要成分[J].理化检验－化学分册,2007,43(12):1000-1003.

[134] 于雷,洪永胜,周勇,等.高光谱估算土壤有机质含量的波长变量筛选方法[J].农业工程学报,2016,32(13):95-102.

[135] 李倩倩.无信息变量消除法在三种谱学方法中的定量分析研究[D].北京:中国农业大学,2014.

[136] 赵德贵.抗衰延年——松子仁[J].现代养生,2014(11):23-24.

[137] 李鹏霞,王炜,梁丽松,等.不同储藏温度对不同状态松子种仁脂肪酸氧化的影响[J].上海农业学报,2009,25(1):23-26.

[138] 廖敦军,蒋蘋.油茶籽脂肪酸成分含量与高光谱反射率的相关性[J].湖南农业大学学报:自然科学版,2013,39(4):445-448.

[139] DELWICHE R. Protein content of single kernels of wheat by near-infrared reflectance spectroscopy[J]. Journal of Cereal Science, 1998, 27:241-254.

[140] DELWICHE R, MEKENZIE S, WEBB D. Quality characteristics in rice by near infrared reflection analysis of whole grain milled samples[J]. Cereal Chem, 1996, 73(6):257-263.

[141] 王加华,张晓伟,王军,等.基于便携式近红外技术的生鲜乳品质现场评价[J].光谱学与光谱分析,2014,34(10):2679-2684.

[142] AERNOUTS B, POLISHIN E, LAMMERTYN J, et al. Application of near infrared reflectance (NIR) spectroscopy to identify the quality of milk[J]. Journal of Dairy Science, 2011, 94(11):5315.

[143] 孙晓明,卢凌,张佳程,等.牛肉化学成分的近红外光谱检测方法的研究[J].光谱学与光谱分析,2011,2(31):379-383.

[144] 李学富,何建国,王松磊,等.应用NIR高光谱成像技术检测羊肉脂肪和蛋白质质量分数[J].宁夏工程技术,2013,12(3):229-232.

[145] 刘魁武,成芳,林宏建,等.可见／近红外光谱检测冷鲜猪肉中的脂肪、蛋

白质和水分含量[J].光谱学与光谱分析,2009,29(1):102-105.

[146] 陈鸿琪. 蛋白质定量分析的进展[J]. 理化检验:化学分册, 2000, 36(7):333.

[147] 谢平会,杨征武,祝丽玲.电流法快速测定鲜奶中蛋白质含量[J].中国乳品工业,2000,28(4):33-35.

[148] 吴建虎,黄钧.可见/近红外光谱技术无损检测新鲜鸡蛋蛋白质含量研究[J].现代食品科技,2015,31(5):285-290.

[149] YAO Linxing, ZHOU Wen, WANG Tong, et al. Quantification of egg yolk contamination in egg white using UV/Vis spectroscopy:Prediction model development and analysis [J]. Food Control, 2014, 43:88-97.

[150] LIU Muhua, YAO Linxing, WANG Tong , et al. Rapid determination of egg yolk contamination in egg white by VIS spectroscopy [J]. Journal of Food Engineering, 2014, 124:117-121.

[151] 潘威,马文广,郑昀晔.基于近红外光谱的烟草种子蛋白含量定标模型构建[J].江苏农业科学,2016,44(11):376-379.

[152] SCHONBRODT T, MOHL S, WINTER G, et al. NIR spectroscopy a non-destructive analytic tool for protein quantification within lipid implants[J]. Journal of Controlled Release, 2006, 114:261-267.

[153] SVENSSONA T, NIELSEN H, BRO R, et al. Determination of the protein contentin brine from salted herring using near-infrared spectroscopy[J]. Lebensm-Wiss U-Technol, 2004, 37:803-809.

[154] 张中卫,温志渝,曾甜玲,等.微型近红外光纤光谱仪用于奶粉中蛋白质脂肪的定量检测研究[J].光谱学与光谱分析,2013,7(33):1796-1800.

[155] 黄维,田丰玲,刘振尧,等.基于不同 PLS 算法的方竹笋中蛋白质分析的近红外光谱特征波段选择[J].食品科学,2013,34(22):133-137.

[156] 江艳,武培怡.近红外光谱在蛋白质和含酰胺基团聚合物研究中的应用[J].化学进展,2008,12(20):2021-2033.

[157] 陈宝,南江,王星,等. 松子的开发与利用[J]. 现代农业科学,2010, 20:160.

[158] 仇逊超,曹军.便携式近红外光谱仪检测红松籽水分含量的研究[J].东北林业大学学报,2016,44(12):15-20,30.

[159] PRIETO N, ANDRE S, GIRALDEZ F J, et al. Application of near infrared reflectance (NIR) spectroscopy to identify potential PSE meat[J]. Meat Science, 2008, 79:692.

[160] QUINN R, ANDREWS S, GOODBAND D, et al. Effects of modified tall oil and creation monohydrate on growth performance, carcass characteristics, and meat quality of growing-finishing pigs[J]. Journal of Animal Science, 2000, 78(9):2359.

[161] CHAN E, WALKERN, MILS W. NIR spectroscopy a non-destructive analytic tool for moisture in pork meat[J]. Transactions of the American Society of Agricultural Engineers(ASAE), 2002, 45(5):1519.

[162] ISAKSSON T, NILSEN N, TGERSEN G, et al. On-line NIR analysis industrial scale ground meat batches[J]. Meat Science, 1996, 43:245.

[163] 杨建松,孟庆翔,任丽萍,等.近红外光谱快速评定牛肉品质[J].光谱学与光谱分析,2010,30(3):685-687.

[164] 朱逢乐,何勇,邵咏妮.应用近红外高光谱成像预测三文鱼肉的水分含量[J].光谱学与光谱分析,2015,35(1):113-117.

[165] 仇逊超.红松仁脂肪的近红外光谱定量检测[J].江苏农业学报,2018,34(3):692-698.

[166] 仇逊超,张麟.红松籽中脂肪的近红外光谱快速检测研究[J].江苏农业科学,2019,47(3):159-163.